怀孕吃什么

宜忌速查图典

王晓梅 主编

江西科学技术出版社

·南昌·

图书在版编目（ＣＩＰ）数据

怀孕吃什么宜忌速查图典 / 王晓梅主编. -- 南昌 ：
江西科学技术出版社，2018.3
ISBN 978-7-5390-6001-9

Ⅰ. ①怀… Ⅱ. ①王… Ⅲ. ①孕妇－妇幼保健－食谱
Ⅳ. ①TS972.164

中国版本图书馆CIP数据核字(2018)第041814号

选题序号：ZK2017343
图书代码：D18019-101
责任编辑：李智玉

怀孕吃什么宜忌速查图典

HUAIYUN CHISHENME YIJI SUCHA TUDIAN

王晓梅　主编

摄影摄像	深圳市金版文化发展股份有限公司	
选题策划	深圳市金版文化发展股份有限公司	
封面设计	深圳市金版文化发展股份有限公司	
出　版	江西科学技术出版社	
社　址	南昌市蓼洲街2号附1号	
	邮编：330009　电话：（0791）86623491　86639342（传真）	
发　行	全国新华书店	
印　刷	深圳市雅佳图印刷有限公司	
开　本	720mm×1020mm　1/16	
字　数	240千字	
印　张	18	
版　次	2018年3月第1版　2018年3月第1次印刷	
书　号	ISBN 978-7-5390-6001-9	
定　价	39.80元	

赣版权登字：-03-2018-34

目录 |Contents

Chapter 1　备孕篇：为宝宝打好营养基础

备孕女性的饮食计划 / 002

不同体质，饮食调理窍门 / 002

备孕女性的饮食宜忌 / 002

宜 注意饮食卫生 / 003

宜 摄取均衡的营养 / 003

忌 无节制进食 / 003

忌 食物过精过细 / 003

忌 吃过甜、过咸或太油腻的食物 / 003

忌 大量食用辛辣食物 / 003

忌 吸烟、饮酒 / 003

备孕女性需要重点补充的营养素 / 004

备孕女性宜常吃的食材 / 006

备孕女性营养食谱推荐 / 007

凉拌菠菜 / 007

肝烧菠菜 / 008

香炒猪肝 / 009

麻油猪肝汤 / 010

菠菜猪肝汤 / 011

牛肉蔬菜卷 / 012

冬菜蒸牛肉 / 013

蒜香茶树菇蒸牛肉 / 014

豆豉炒牛肉 / 015

甜椒炒牛肉丝 / 016

牛肉萝卜汤 / 017

肉片粉丝汤 / 018

鸡丝烩菠菜 / 018

鸡蛋沙拉 / 019

陈皮炒鸡蛋 / 020

菠菜鸡蛋 / 021

核桃蒸蛋羹 / 022

菠菜蒸蛋羹 / 023

核桃蛋花汤 / 024

蛋白鱼丁 / 025

香肥带鱼 / 026

香煎带鱼 / 027

干煎带鱼 / 028

西蓝花拌海带结 / 029

虾米海带丝 / 029

家常绿豆海带汤 / 030

牛肉粥 / 031

西红柿奶酪意面 / 032

红烧牛腩面 / 033

鲍鱼菠菜面 / 034

核桃蜂蜜豆浆 / 035

菠菜橙汁 / 035

好"孕"叮咛 / 036

孕前计划一览表 / 036

正确测定排卵期 / 037

特殊情况的备孕提醒 / 037

Chapter 2 怀孕篇：孕期 40 周同步饮食指导

孕 1 月（1 ~ 4 周）：新生命悄然而至 / 042

妈妈的身体变化 / 042

宝宝的身体变化 / 042

孕 1 月准妈妈的饮食宜忌 / 045

宜 保持规律饮食 / 043

宜 饮食清淡 / 043

忌 偏食 / 044

忌 吃有损健康的蔬菜 / 044

忌 过量饮用含咖啡因的饮料 / 044

忌 滥补维生素 / 044

孕 1 月准妈妈所需的关键营养素 / 045

孕 1 月准妈妈明星食材清单 / 046

孕 1 月准妈妈营养食谱推荐 / 047

胡萝卜大杏仁沙拉 / 047

芦笋煨冬瓜 / 047

白菜烩蘑菇 / 048

西蓝花炒蘑菇 / 049

双瓜黄豆排骨汤 / 050

胡萝卜鸡肉茄丁 / 051

蘑菇鸡片 / 052

金针芦笋鸡丝汤 / 052

鲜虾芦笋 / 053

猕猴桃炒虾球 / 054

胡萝卜丝蒸小米 / 055

红枣杏仁小米粥 / 055

胡萝卜南瓜粥 / 056

玉米胡萝卜粥 / 056

苹果柠檬汁 / 057

黄豆甜豆浆 / 057

孕 2 月（5 ~ 8 周）：疲惫的快乐时光 / 058

妈妈的身体变化 / 058
宝宝的身体变化 / 058
孕 2 月准妈妈的饮食宜忌 / 059

宜 饮食清淡易消化 / 059

宜 保持孕前的能量平衡 / 059

宜 没有食欲也要尽量吃 / 059

忌 食糖过量 / 060

忌 吃寒凉食物 / 060

忌 吃活血化瘀的食物 / 060

忌 食用影响钙、锌吸收的食物 / 060

忌 喝咖啡、浓茶和酒 / 060

孕 2 月准妈妈所需的关键营养素 / 061
孕 2 月准妈妈明星食材清单 / 062
孕 2 月准妈妈营养食谱推荐 / 063

橘子香蕉水果沙拉 / 063

豆豉双椒 / 064

西红柿炖豆腐 / 064

什锦烩豆腐 / 065

蒸肉末白菜卷 / 066

西红柿培根蘑菇汤 / 067

青椒牛肉丝 / 068

西红柿炖牛腩 / 069

西红柿牛肉汤 / 070

蚝油鸡柳 / 071

桂花干贝 / 072

芥菜干贝汤 / 073

西蓝花炖饭 / 074

香蕉粥 / 075

南瓜上海青粥 / 075

孕3月（9～12周）：害喜月尤需呵护 / 076

妈妈的身体变化 / 076

宝宝的身体变化 / 076

孕3月准妈妈的饮食宜忌 / 077

宜 选择自己想吃的食物 / 077

宜 按时吃早餐 / 077

宜 饮水首选白开水 / 077

宜 适量吃巧克力 / 077

忌 营养不良 / 078

忌 食用易过敏的食物 / 078

忌 过多摄入鱼肝油和含钙食物 / 078

孕3月准妈妈所需的关键营养素 / 079

孕3月准妈妈明星食材清单 / 080

孕3月准妈妈营养食谱推荐 / 081

蚝油芥蓝 / 081

丝瓜熘肉片 / 081

南瓜蒸肉 / 082

芹菜炒肉丝 / 083

山药南瓜肉松羹 / 084

丝瓜瘦肉汤 / 085

芹菜肚丝 / 085

莲子炖猪肚 / 086

山药炒花甲 / 087

红薯莲子银耳汤 / 088

红薯粥 / 089

四喜蒸饺 / 089

南瓜包 / 090

芹菜猪肉水饺 / 091

孕4月（13～16周）：腹中宝宝初长成 / 092

妈妈的身体变化 / 092

宝宝的身体变化 / 092

孕4月准妈妈的饮食宜忌 / 093

宜 早晚饮食均衡 / 093

宜 多摄入优质蛋白质 / 093

宜 增加主食的摄入 / 093

宜 及时补血 / 093

忌 大量摄入高脂肪食物 / 094

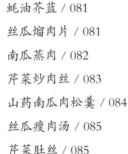

忌 滥用滋补药品 / 094

孕 4 月准妈妈所需的关键营养素 / 095

孕 4 月准妈妈明星食材清单 / 096

孕 4 月准妈妈营养食谱推荐 / 097

芝麻包菜 / 097

黑芝麻猪蹄汤 / 098

糖醋鱼片 / 099

虾仁海参 / 100

凉拌海蜇皮 / 101

糖醋鱿鱼 / 102

芥末海鲜 / 103

腐竹蛤蜊汤 / 104

海鲜炒饭 / 105

牡蛎米线 / 106

什锦海鲜面 / 107

蚕豆黄豆豆浆 / 107

孕 5 月（17 ~ 20 周）：来自胎动的感动 / 108

妈妈的身体变化 / 108

宝宝的身体变化 / 108

孕 5 月准妈妈的饮食宜忌 / 109

宜 细嚼慢咽 / 109

宜 食用解郁食物 / 109

宜 适当饮用孕妇奶粉 / 109

忌 多吃火锅 / 110

忌 喝长时间熬煮的骨头汤 / 110

孕 5 月准妈妈所需的关键营养素 / 111

孕 5 月准妈妈明星食材清单 / 112

孕 5 月准妈妈营养食谱推荐 / 113

西红柿沙拉 / 113

花菜彩蔬小炒 / 113

三杯杏鲍菇 / 114

紫菜蛋卷 / 115

紫菜蛋花汤 / 116

南瓜紫菜蛋花汤 / 116

茄汁鹌鹑蛋 / 117

西蓝花鹌鹑蛋汤 / 118

山楂烧鱼片 / 118

红烧鲈鱼片 / 119

木耳鲳鱼 / 120

秋葵炒虾仁 / 120

火腿贝壳面 / 121

苹果猕猴桃蜂蜜汁 / 121

孕 6 月（21 ～ 24 周）：准妈妈孕味十足 / 122

妈妈的身体变化 / 122

宝宝的身体变化 / 122

孕 6 月准妈妈的饮食宜忌 / 123

宜 多食用含膳食纤维的食物 / 123

宜 多吃坚果补充脂肪酸 / 123

宜 多喝粥 / 123

宜 多吃防治黄褐斑的食物 / 123

忌 长期摄取高糖饮食 / 124

忌 吃油炸食品 / 124

忌 吃加工食品 / 124

忌 吃容易被污染的食物 / 124

忌 用饮料代替白开水 / 124

孕 6 月准妈妈所需的关键营养素 / 125

孕 6 月准妈妈明星食材清单 / 126

孕 6 月准妈妈营养食谱推荐 / 127

清蒸茄段 / 127

鱼香茄子 / 127

腰果木耳西芹 / 128

芥蓝腰果炒香菇 / 129

茄子猪肉 / 130

香菇扣肉 / 131

花生猪蹄汤 / 132

山药鸡肉煲汤 / 133

红薯紫米粥 / 134

木耳粥 / 134

香芋紫米排骨粥 / 135

黑胡椒蘑菇面 / 136

西红柿蘑菇炒面 / 137

什锦猪肝面 / 138

可乐饼 / 139

花生黄豆浆 / 139

孕 7 月（25 ～ 28 周）：大腹便便也幸福 / 140

妈妈的身体变化 / 140

宝宝的身体变化 / 140

孕 7 月准妈妈的饮食宜忌 / 141

宜 低盐低糖饮食 / 141

宜 多吃蔬果 / 141

宜 增加谷物和豆类的摄入 / 141

忌 食用高糖分食物 / 142

忌 食用盐分多的食物 / 142

忌 食用热性调味料 / 142

忌 吃引起宫缩的食物 / 142

忌 饭后马上吃水果 / 142

孕 7 月准妈妈所需的关键营养素 / 143

孕 7 月准妈妈明星食材清单 / 144

孕 7 月准妈妈营养食谱推荐 / 145

醋拌莲藕 / 145

煮藕片 / 145

酱香黑豆蒸排骨 / 146

田园烧排骨 / 147

莲藕排骨汤 / 148

芹菜炒羊肉 / 149

当归羊肉汤 / 150

胡萝卜炒鸡肝 / 151

橙香鱼排 / 152

鱼肉胡萝卜汤 / 153

胡萝卜玉米虾仁沙拉 / 154

百合黑米粥 / 155

胡萝卜小米粥 / 155

胡萝卜粥 / 156

生姜羊肉粥 / 156

香菇鱼片粥 / 157

燕麦黄豆豆浆 / 157

孕 8 月（29 ~ 32 周）：日渐蹒跚亦无畏 / 158

妈妈的身体变化 / 158

宝宝的身体变化 / 158

孕 8 月准妈妈的饮食宜忌 / 159

宜 摄入均衡的营养 / 159

宜 粗粮、细粮搭配食用 / 159

宜 饭后适当嗑瓜子 / 159

忌 吃过甜或油腻的食物 / 160

忌 吃辛辣刺激食物 / 160

忌 吃生冷寒凉、刺激子宫的食物 / 160

忌 吃引发胎火的食物 / 160

忌 吃腌制食物 / 160

孕 8 月准妈妈所需的关键营养素 / 161

孕 8 月准妈妈明星食材清单 / 162

孕 8 月准妈妈营养食谱推荐 / 163

双笋沙拉 / 163

冰糖百合蒸南瓜 / 163

西芹炒百合 / 164

烤什锦菇 / 165

双鲜金针菇 / 165

百合炒肉片 / 166

牛肉笋丝 / 167

土豆炖牛肉 / 168

竹笋煨鸡丝 / 169

茄汁香煎三文鱼 / 170

烤三文鱼 / 171

三文鱼蒸饭 / 172

红豆燕麦粥 / 173

火腿煎饼 / 173

孕 9 月（33 ~ 36 周）：进入艰难待产期 / 174

妈妈的身体变化 / 174

宝宝的身体变化 / 174

孕 9 月准妈妈的饮食宜忌 / 175

宜 少食多餐 / 175

宜 饮食多样化 / 175

宜 适当吃粗粮 / 175

忌 营养过剩 / 176

忌 完全限制盐和水分的摄入 / 176

孕 9 月准妈妈所需的关键营养素 / 177

孕 9 月准妈妈明星食材清单 / 178

孕 9 月准妈妈营养食谱推荐 / 179

缤纷酸奶水果沙拉 / 179

胡萝卜苦瓜沙拉 / 180

凉拌苦瓜 / 181

凉拌干丝 / 181

牛奶烩生菜 / 182

松仁拌上海青 / 182

洋葱炒丝瓜 / 183

牛奶洋葱汤 / 184

圣女果百合猪肝汤 / 184

冬笋姜汁鸡丝 / 185

葱椒鲜鱼条 / 185

青江干丝糙米饭 / 186

红薯糙米饭 / 187

葡萄干桂圆甜粥 / 187

孕 10 月（37 ~ 40 周）：迎接小天使降临 / 188

妈妈的身体变化 / 188

宝宝的身体变化 / 188

孕 10 月准妈妈的饮食宜忌 / 189

宜 适当添加零食和夜餐 / 189

宜 多吃鱼预防早产 / 189

忌 暴饮暴食 / 190

忌 吃各种滋补品 / 190

孕 10 月准妈妈所需的关键营养素 / 191

孕 10 月准妈妈明星食材清单 / 192

孕 10 月准妈妈营养食谱推荐 / 193

奶油玉米笋 / 193

板栗扒上海青 / 194

板栗双菇 / 195

培根奶油蘑菇汤 / 196

板栗烧鸡 / 197

香煎鸡腿南瓜 / 198

什锦鸡丁 / 199

肉末蒸蛋 / 199

鸡蓉玉米羹 / 200

珍珠三鲜汤 / 201

豉汁马头鱼 / 201

青柠鳕鱼 / 202

南瓜大枣花生汤 / 203

小米红枣粥 / 204

煎蛋卷 / 204

西蓝花虾皮蛋饼 / 205

常见孕期不适饮食调养方案 / 206

乳房肿胀 / 206

包菜卷 / 207

燕麦南瓜粥 / 207

牙龈出血 / 208

玉米洋葱煎蛋烧 / 209

小腿抽筋 / 210

糖醋黄鱼 / 211

腹胀 / 212

桂花藕片 / 213

鸡肉山药粥 / 213

浮肿 / 214

回锅鸭肉 / 215

虾皮冬瓜 / 215

痔疮 / 216

凉拌银耳 / 217

双色花菜 / 217

好"孕"叮咛 / 218

学算怀孕周，推算预产期 / 218

怀孕 1 ~ 3 个月计划一览表 / 219

怀孕 4 ~ 6 个月计划一览表 / 220

怀孕 7 ~ 10 个月计划一览表 / 221

Chapter 3　产后篇：坐好月子提供健康母乳

产妇的饮食计划 / 224

产妇的饮食宜忌 / 224

宜 主食种类多样化 / 224

宜 多吃蔬果 / 224

宜 早餐要吃好 / 224

宜 进食各种汤饮 / 225

宜 注意补钙 / 225

忌 马上节食 / 225

忌 滋补过量 / 225

忌 吃硬、咸、生冷的食物 / 225

忌 吃酸辣食物或过量甜食 / 226

忌 食用过量的鸡蛋 / 226

忌 喝高脂肪的浓汤 / 226

产妇正确的进餐顺序 / 226

产妇需要重点补充的营养素 / 227

产妇营养食谱推荐 / 228

开心果西红柿炒黄瓜 / 228

清蒸鸡汁丝瓜 / 229

娃娃菜萝卜汤 / 230

豆浆上海青汤 / 231

西红柿豆芽汤 / 231

西红柿面片汤 / 232

三鲜焖豆腐 / 233

大枣枸杞蒸猪肝 / 234

寿喜烧 / 235

圣女果芦笋鸡柳 / 236

可乐鸡翅 / 237
黄芪鸡汤 / 238
陈皮银耳炖乳鸽 / 239
三文鱼鲜蔬沙拉 / 240
茭白鲈鱼汤 / 241
红腰豆鲫鱼汤 / 242
草菇丝瓜蒸虾球 / 243
鲜虾烧鲍鱼 / 244
滑蛋虾仁 / 245
蛤蜊豆腐汤 / 246
海参虫草煲鸡 / 247

黑芝麻花生粥 / 248
南瓜小米粥 / 249
补血养生粥 / 250
丝瓜排骨粥 / 251
鲜虾粥 / 252
南瓜西红柿面疙瘩 / 253
猪肉香菇打卤面 / 254
鱼丸挂面 / 255
火腿奶酪三明治 / 256
南瓜豆沙卷 / 256
玫瑰山药 / 257

常见产后不适饮食调养方案 / 258

产后体虚 / 258
西洋参黄芪养生汤 / 259
草菇炒牛肉 / 259

产后腹痛 / 260
葱爆羊肉片 / 261
红糖小米粥 / 261

产后便秘 / 262
蒸芹菜叶 / 263

产后恶露不绝 / 264
蔬菜什锦沙拉 / 265

莴笋炒瘦肉 / 265

产后贫血 / 266
桂圆阿胶大枣粥 / 267
黑豆紫米露 / 267

产后脱发 / 268
益肾乌发杂粮豆浆 / 269
浓香黑芝麻糊 / 269

产后抑郁 / 270
苦瓜玉米粒 / 271

好"孕"叮咛 / 272

产后计划一览表 / 272
两种分娩方式如何正确哺乳 / 273
根据体质选择催乳食物 / 274

备孕篇：
为宝宝打好营养基础

♥ 不同体质，饮食调理窍门

体质	表现	调理方法
气虚体质	元气不足；疲劳无力、气短、自汗出	进食糯米、大麦、榛子、荔枝、猪脑、猪腰、鲫鱼、黄花鱼等
阳虚体质	阳气不足；特别怕冷	多吃温热性食物，如山药、栗子、大枣等熬成的粥，避免吃寒凉食物
阴虚体质	阴虚内热；五心烦热	滋补肝肾，补阴清热；多吃猪肉、鸭肉、冬瓜、绿豆等
痰湿体质	水液内停、痰湿凝聚、黏滞重浊导致气机不利，脾胃升降失调	多吃扁豆、白萝卜、大蒜、大葱、生姜等
湿热体质	偏胖或偏瘦，面部油光，常口苦、口臭	多吃胡萝卜、豆腐、莲藕、百合、鸭蛋、银耳等
气郁体质	气机郁滞，性格内向，忧郁脆弱，敏感多疑	疏通气机，多吃具有行气、解郁、消食、醒神作用的食物
血瘀体质	肤色晦暗、色素沉着，出现黑斑、口唇黯淡	宜食活血的食物，如韭菜、银杏、红糖、柚子、柠檬等
平和体质	气色红润	多吃五谷杂粮、蔬菜瓜果，少吃油甘厚味和辛辣刺激的食物
特禀体质	易敏感	多食益气固表食物，如黄瓜、丝瓜、白菜、油菜、柿子、葡萄等

♥ 备孕女性的饮食宜忌

选择铁质或不锈钢餐具

尽量使用铁质或不锈钢材料的家用餐具，避免使用铝制品和彩色瓷制品，防止铝元素、铅元素对人体造成不必要的伤害。

注意饮食卫生

日常生活中的饮食卫生很重要，而对于备孕女性来说，饮食卫生更是重点。为了避免病从口入，影响自身及胎儿的健康，备孕女性对于饮食卫生必须格外注意，尽量食用已处理过或彻底煮熟的食物，确认食物或食材的保存期限，烹调食物或用餐前要先洗手，切实做好食物的保鲜工作等，都是必须遵从的基本原则。

摄取均衡的营养

营养摄取均衡的关键在于食物要多样化，例如多吃蔬菜、水果、干果、肉类、蛋奶类等。不同的食物含有不同的营养素，蔬菜类含有丰富的维生素、矿物质及纤维素，蛋奶类含有丰富的蛋白质、钙质等，如果偏废或独爱哪一类食物，则容易导致营养失衡，所以均衡摄取营养非常重要。

- -

无节制进食

一些女性不控制饮食量，导致孕前肥胖，孕期体重增加40多千克，造成分娩困难，胎儿过大或过小。

食物过精过细

孕前和孕产期女性是家庭的重点关爱对象，一般都吃精白米、面，不吃粗粮，造成维生素B_1严重缺乏和不足。

吃过甜、过咸或太油腻的食物

糖代谢过程中会消耗大量的钙，吃过甜食物会导致孕前和孕期缺钙，且易使体重增加。吃过咸食物容易引起孕期水肿。油腻食品容易引起血脂增高、体重增加。

大量食用辛辣食物

辣椒、胡椒、花椒等调味品刺激性较大，多食会引起便秘。若计划怀孕或已经怀孕的女性大量食用这类食品，易出现消化功能障碍。

吸烟、饮酒

香烟里的尼古丁对受精卵、胎儿、新生儿的发育都有一定的损害，酒精是导致胎儿畸形和智力低下的重要因素。

♥ 备孕女性需要重点补充的营养素

叶酸

叶酸具有预防贫血促进胎儿智力发育的作用，还能预防怀孕期巨细胞性贫血症，婴儿营养性大细胞性贫血症。孕妇缺乏叶酸，会导致胎儿神经管畸形，出现无脑畸胎，或导致脊柱裂等先天性疾病。而且孕妇对叶酸的需求量是普通人的4倍，所以从怀孕前就应该注意补充叶酸。

蛋白质

蛋白质是生命的基础，是构成人的内脏、肌肉，以及保证大脑发育的基本营养物质。如果女性在怀孕前缺乏蛋白质，就不易怀孕。而孕后蛋白质不足，则会导致胎儿发育迟缓，容易流产，或导致胎儿先天性疾病和畸形。怀孕初期是胎儿内脏形成以及脑细胞发育的关键时期，所以女性有必要在怀孕前就补充蛋白质。这样既有利于受孕，也有助于胎儿生长。如果准妈妈缺乏蛋白质，将不利于胎儿成长，分娩后身体也不易恢复。含有丰富蛋白质的食物有牛肉、猪肉、动物肝脏、鱼、蛋、牛奶、奶酪、豆类及豆制品等。

维生素

维生素与人的生育功能密切相关。例如，缺乏维生素D会影响钙的吸收，进而影响胎儿骨骼的形成；维生素B能防治败血症、贫血、动脉硬化和免疫力低下等病症；维生素E具有抗氧化的作用，与人的生育功能密切相关。女性缺乏维生素会降低受孕率。蔬菜是人体所需维生素的主要来源之一，尤其是绿色蔬菜中含有丰富的维生素。

钙

人体中的钙元素主要存在于骨骼和牙齿中，所以备孕女性一定要摄取充足的钙。钙可以加强血液的凝固性，起到安神、防止疲劳的作用，胎儿的生长发育和骨骼形成都离不开钙质的作用。虽然在怀孕初期，胎儿对钙的需求量不大，但随着身体的发育，就需要更多钙。而且钙在人体内的储存时间较长，所以女性在准备怀孕前就应该适量补充钙。含有丰富钙质的食物有鱼类、虾皮、鸡蛋、牛奶、奶酪、海藻、绿色蔬菜等。

铁

女性在怀孕前就宜开始补充铁质，这样才能满足怀孕期对铁的需求量。有些女性在怀孕前就有贫血的症状，通常会服用牛奶增加营养，以达到迅速补充铁质、补血的目的。其实这样做的效果并不好，因为铁质很容易与肠道中的钙、磷酸盐结合成不溶解的化合物而沉淀，牛奶中恰好含有丰富的钙和磷酸盐，所以在补充铁质的同时不宜喝牛奶。日常生活中含有丰富铁质的食物有动物肝脏、蛋类、豆类、海带、黑木耳、芝麻酱、牛奶、白带鱼、菠菜、核桃、柑橘等。

锌

锌对人体的生理作用非常重要，人体一连串生理反应所必需的多种酶都含有锌。缺锌会导致食欲减退，营养物质摄取不足，人的生长发育自然就会受到影响。缺锌还会影响女性乳房发育，无月经，导致女性不孕，所以怀孕前孕妇宜多吃含锌丰富的食物，例如豆类、大白菜、牛肉、熏鲟鱼、牡蛎等。

碘

如果人体缺碘，就会罹患甲状腺肿大。准备怀孕的女性缺碘，会影响其受孕能力。孕妇缺碘会出现流产、死胎，甚至导致新生儿死亡；还会导致胎儿供碘不足，胎儿会患甲状腺机能衰退症，甚至出现智力发育迟缓、运动失调等严重后果。所以女性有必要在怀孕前就开始补碘，适量进食如海带、紫菜、干贝、海鱼、虾、蟹类等含碘丰富的食物。

♥ 备孕女性宜常吃的食材

菠菜

奶酪

虾皮

猪肝

鸡蛋

柑橘

牛肉

白带鱼

核桃

海带

凉拌菠菜

材料：

菠菜250克，蒜末10克，干
红辣椒段5克

调料：

芝麻油5毫升，醋5毫升，盐
2克，食用油5毫升

做法：

1. 将菠菜洗净后切段，放入
   热水中焯烫20秒，立即捞
   入凉水中降温，接着用手
   将菠菜稍微拧干，备用。

2. 锅中倒入食用油烧热，爆
   香干红辣椒段，做成红辣
   椒油。

3. 将蒜末、干红辣椒油、
   醋、盐与菠菜一起搅拌均
   匀，最后淋上芝麻油拌匀
   即可。

 食用这道菜，可以提升备孕女性的食
欲，补充铁元素。

肝烧菠菜

材料：

猪肝200克，菠菜200克，红薯粉末50克，蒜末10克

调料：

米酒10毫升，白糖10克，酱油30毫升，食用油适量

做法：

1. 猪肝洗净、切片，加入酱油、米酒、白糖拌匀，再加入红薯粉沾匀，静置一会儿。
2. 将菠菜洗净，切成2指节的长段，快速焯烫后，捞出备用。
3. 将猪肝放入热油锅中炸酥，捞出备用。
4. 起油锅，爆香蒜末，接着放入菠菜和猪肝翻炒。
5. 最后加入酱油、米酒、白糖，炒匀即可。

辛"孕"小语　猪肝本身具有补肝养血、明目的作用，菠菜有补血作用，两者相配，营养价值更高。

香炒猪肝

材料：

新鲜猪肝200克，青椒40
克，红椒40克，生姜3片，
大蒜2瓣

调料：

食用油5毫升，花椒油5毫
升，盐3克，酱油5毫升

做法：

1. 将猪肝切成薄片。
2. 将青椒与红椒洗净、剖
   开，去籽后切成适当大小
   的片状。
3. 大蒜切成片，备用。
4. 锅内注油加热，将姜片、
   蒜片先放入爆香，再将
   青、红椒片放入，用中火
   翻炒出香味。
5. 再将猪肝放入，加入盐与
   花椒油、酱油提味，大火
   快炒后起锅即可。

青椒富含维生素B、维生素C和胡萝
卜素，具有促进消化、加快脂肪代谢
的功效。

麻油猪肝汤

材料： 猪肝60克，菠菜30克，生姜丝10克

调料： 米酒5毫升，白糖2克，芝麻油15毫升，盐3克

做法：

1. 猪肝洗净，切片；菠菜洗净，切段。

2. 锅内放入芝麻油，开小火，放入生姜丝爆炒，再放入猪肝和米酒拌炒，快炒1分钟。

3. 再加入500毫升清水、盐、白糖，拌匀。

4. 接着放入菠菜，待菠菜熟软即可。

幸"孕"小语　猪肝含有丰富的铁、磷，可充分补充备孕女性所需营养素。

菠菜猪肝汤

材料：

菠菜150克，猪肝50克，胡萝卜10克，枸杞5克，姜2片

调料：

盐3克，米酒5毫升

做法：

1. 猪肝切片；姜片切丝；胡萝卜和菠菜均切成适当大小的条状。

2. 将猪肝放入滚水中略微焯烫一下，外层变色后马上捞起备用。

3. 另取一锅，加入清水煮滚，再放入菠菜、胡萝卜丝和姜丝，再次煮滚。

4. 最后放入已焯烫的猪肝，加入米酒与枸杞，接着放盐调味即可。

孕小语 食用这款汤，备孕女性可以补充蛋白质、卵磷脂和微量元素。

牛肉蔬菜卷

材料：

白萝卜丝30克，牛肉50克，金针菇30克，生菜30克，面粉10克

调料：

料酒5毫升，酱油5毫升，白糖5克，食用油5毫升

做法：

1. 牛肉切薄片；金针菇、生菜洗净。

2. 取一碗，加入料酒、酱油、白糖拌匀成酱汁。

3. 将生菜铺平，依序铺上金针菇、白萝卜丝和牛肉，卷起，撒上一层薄面粉。

4. 锅中注油烧热，将牛肉卷开口朝下放入开始煎，至其表面金黄。

5. 淋上拌好的酱汁后续煮至入味即可。

辛"孕"小语

白萝卜含有丰富的维生素C、膳食纤维，口味清爽，可增加食欲，对备孕女性的消化系统及免疫力均有好处。

冬菜蒸牛肉

材料：

牛肉130克，冬菜30克，洋葱末40克，姜、葱花各3克

调料：

胡椒粉3克，蚝油5克，水淀粉10毫升，芝麻油3毫升

做法：

1. 将洗净的牛肉切片。

2. 把牛肉片装入碗中，放入蚝油、胡椒粉、姜，倒入备好的冬菜，撒上洋葱末，拌匀，淋上水淀粉、芝麻油，拌匀，腌渍一会儿；再转到蒸盘中，摆好造型。

3. 备好电蒸锅，烧开水后放入蒸盘。

4. 盖上盖，蒸约15分钟，至食材熟透，取出蒸盘，趁热撒上葱花即可。

这道菜可以增进备孕女性的食欲，补充蛋白质和脂肪。

蒜香茶树菇蒸牛肉

材料：

牛肉、茶树菇各150克，蒜蓉20克，葱花3克

调料：

盐、胡椒粉各2克，蚝油、干淀粉、生抽、料酒、食用油各适量

做法：

1. 将洗净的茶树菇切段；洗好的牛肉切片。

2. 把茶树菇放在蒸盘中，用盐腌渍一会儿；牛肉片装碗中，放入所有调料拌匀，腌渍约15分钟。

3. 取蒸盘，铺上腌渍好的牛肉，撒上蒜蓉；将蒸锅烧开水后放入蒸盘。

4. 盖上盖，蒸约15分钟，至食材熟透，取出蒸盘，趁热撒上葱花即可。

幸"孕"小语　食用这道菜，备孕女性可以补充膳食纤维和维生素E。

豆豉炒牛肉

材料： 牛肉160克，西芹100克，蛋白1个，姜末10克，豆豉30克

调料： 盐3克，酱油5毫升，生粉5克，食用油5毫升

做法：

1. 将牛肉洗净、切片后装碗，再加入盐、蛋白、生粉拌匀，腌渍20分钟。

2. 将西芹洗净，去除过粗纤维后切斜刀，备用。

3. 热油锅，下牛肉片炒至七分熟，捞出后备用。

4. 原锅中放入豆豉、姜末煸炒，接着加入酱油以及西芹翻炒，加适量水和牛肉片，大火炒熟即可。

幸"孕"小语　食用这道菜，备孕女性可以补充钠、钾和蛋白质。

甜椒炒牛肉丝

材料： 牛肉片160克，甜椒50克，葱段20克，姜丝10克

调料： 食用油15毫升，酱油10毫升，蚝油15克，生粉5克，米酒5毫升

做法：

1. 将牛肉片洗净、切丝，加入5毫升酱油和生粉拌匀。

2. 甜椒洗净，去蒂和籽后切丝。

3. 热油锅，放入牛肉丝，炒至五分熟，起锅备用。

4. 起油锅，先放入葱段、姜丝爆香，接着加入甜椒丝、酱油、蚝油、适量清水和牛肉丝，快速翻炒。

5. 最后加入米酒炒匀即可。

幸"孕"小语　　甜椒含有丰富的维生素C，可以防止便秘。

牛肉萝卜汤

材料： 牛肉40克，白萝卜150克，大葱30克，蒜末适量

调料： 盐2克，太白粉、米酒、酱油各适量

做法：

1. 洗净去皮的白萝卜切成片；牛肉切片后加酱油、米酒、蒜末、太白粉稍微腌一下；洗好的大葱切成葱圈。

2. 锅中注入清水大火烧开，倒入牛肉片，汆去杂质，捞出，沥干水分。

3. 另起锅，注入清水大火烧开，倒入牛肉、白萝卜，拌匀，煮10分钟至食材熟。

4. 倒入大葱圈，再放入盐，搅拌片刻，煮至食材入味，将汤盛出装入碗中，即可食用。

幸孕小语　　食用这款汤，备孕女性可以补充脂肪和钙。

肉片粉丝汤

材料： 牛肉100克，粉丝50克

调料： 盐3克，米酒5毫升，生粉10克，芝麻油5毫升

做法：

1. 取一碗，将粉丝放入水中泡发30分钟后切条；牛肉切薄片，加入生粉、米酒和盐一起拌匀。

2. 锅中加入适量清水烧沸，放入牛肉片，略煮后捞出浮沫，放入粉丝。

3. 待粉丝煮熟后，加盐调味，淋上芝麻油即可。

鸡丝烩菠菜

材料： 鸡胸肉100克，菠菜150克，水发粉丝50克，虾米15克，枸杞3克，蒜片10克

调料： 盐2克，食用油适量，芝麻酱5克

做法：

1. 鸡胸肉切成细条；菠菜切段备用。

2. 虾米用热开水泡透。

3. 锅内加油烧热，放入蒜片、虾米与鸡丝炒香；倒入适量水后，再放入枸杞煮滚；最后放入菠菜、粉丝、盐、芝麻酱，煮透即可。

鸡蛋沙拉

材料： 熟鸡蛋2个，洋葱碎15克，圣女果块40克，胡萝卜块40克，西生菜80克

调料： 橄榄油、白洋醋、蜂蜜、盐各适量

做法：

1. 将鸡蛋沿着蛋白划开，取出蛋黄，将蛋白切成小块，蛋黄用手捏碎，待用。

2. 取一大碗，倒入洋葱碎、蛋黄，淋上橄榄油、白洋醋、蜂蜜，加入盐。

3. 倒入圣女果块、胡萝卜块、蛋白，充分拌匀至入味。

4. 取一个干净的盘子，摆放上洗净的西生菜，将拌匀的食材盛入盘中即可。

幸"孕"小语 食用这道菜，备孕女性可以补充蛋白质和膳食纤维。

陈皮炒鸡蛋

材料：

鸡蛋3个，水发陈皮5克，姜汁100毫升，葱花少许

调料：

盐2克，水淀粉15克，食用油适量

做法：

1. 洗好的陈皮切丝。

2. 取一个碗，打入鸡蛋，加入陈皮丝、盐、姜汁，搅散，倒入水淀粉，拌匀，待用。

3. 用油起锅，倒入蛋液，炒至鸡蛋成形。

4. 撒上葱花，略炒片刻，盛出炒好的菜肴，装入盘中即可。

幸"孕"小语　食用这道菜，备孕女性可以补充卵磷脂等营养素。

菠菜鸡蛋

材料： 菠菜300克，鸡蛋2个，蒜末10克

调料： 盐2克，酱油5毫升，食用油适量

做法：

1. 菠菜挑拣后洗净，切段；鸡蛋打在碗中搅散。

2. 烧一锅滚水，加少许盐，放入菠菜烫一下即可捞起。

3. 起油锅，将蛋液炒熟后，取出备用。

4. 原锅中加少许油烧热，爆香蒜末，倒入菠菜快炒，再加盐、酱油翻炒，最后倒
   入炒好的鸡蛋，翻炒均匀即可。

食用这道菜，备孕女性可以补充蛋白质和维生素。

核桃蒸蛋羹

材料： 鸡蛋2个，核桃仁3个

调料： 红糖15克，黄酒5毫升

做法：

1. 取碗，倒入温水，放入红糖，拌至溶化。

2. 备碗，打入鸡蛋，打散至起泡，往蛋液中加入黄酒，倒入红糖水，拌匀。

3. 蒸锅中注水烧开，揭盖，放入处理好的蛋液，蒸8分钟。

4. 取出蒸好的蛋羹，将核桃仁打碎，撒在蒸熟的蛋羹上即可。

核桃富含人体必需的钙、磷、铁等多种微量元素，以及胡萝卜素、核黄素等多种维生素。

菠菜蒸蛋羹

材料：

菠菜25克，鸡蛋2个

调料：

盐2克，芝麻油适量

做法：

1. 将择好、洗净的菠菜切碎，待用。

2. 鸡蛋倒入碗中，用筷子搅散打匀，在蛋液中倒入清水，搅匀，放入盐，搅匀调味，再放入菠菜碎。

3. 备好的电蒸锅烧开，将蛋液放入，将时间旋钮调至10分钟。

4. 掀开锅盖，将蛋羹取出，淋上芝麻油即可食用。

幸"孕"小语　菠菜富含类胡萝卜素、维生素C、维生素K、矿物质、辅酶Q10等，可帮助备孕女性补充营养。

核桃蛋花汤

材料： 核桃15克，鸡蛋1个

调料： 食用油5毫升，盐2克

做法：

1. 将核桃连壳放入清水里清洗，加入100毫升清水，放入榨汁机搅烂，备用。

2. 取汤锅，加适量清水，放入核桃煮半小时，去渣取汁，备用。

3. 将核桃汁放入锅里，打入鸡蛋拌匀。

4. 开火煮沸，点入食用油、盐调味即可。

饮用这款汤，备孕女性可以补充大量的蛋白质和脂肪。

蛋白鱼丁

材料： 蛋清100克，脆皖100克，红椒10克，青椒10克

调料： 盐2克，料酒4毫升，水淀粉、食用油各适量

做法：

1. 洗净的红椒去籽，切成小块；洗净的青椒去籽，切成小块；处理干净的鱼肉切成丁。

2. 将鱼肉装入碗中，加入1克盐、水淀粉，拌匀，腌渍10分钟至其入味，备用。

3. 热锅注油，倒入鱼肉、青椒、红椒，翻炒均匀。

4. 加入1克盐、料酒，炒匀调味，倒入蛋清，翻炒均匀，将炒好的菜肴盛入盘中即可。

 辛"孕"小语 食用这道菜，备孕女性可以补充蛋白质和铁。

香肥带鱼

材料： 带鱼1条，牛奶100毫升，木瓜块50克

调料： 盐3克，生粉15克，米酒5毫升，食用油适量

做法：

1. 带鱼切成长块，抹上盐和米酒，腌10分钟后，再抹上生粉。

2. 带鱼块下油锅，炸至金黄色捞出。

3. 锅内加适量水，放入牛奶和木瓜块，待汤汁烧开时放盐、生粉，不断搅拌。

4. 最后将汤汁连同木瓜块淋在带鱼块上即可。

带鱼尤其适合脾胃虚弱、消化不良、皮肤干燥的备孕女性食用。

香煎带鱼

材料：

白带鱼270克，上海青80克

调料：

盐3克，米酒10毫升，食用油15毫升

做法：

1. 白带鱼洗净，切段，加入米酒、盐腌渍。
2. 将腌渍好的白带鱼放入油锅中，煎至金黄色，捞出沥油。
3. 将上海青洗净、对切，放入滚水中焯烫一会，取出铺盘。
4. 将煎好的白带鱼放在上海青上即可。

幸"孕"小语

带鱼可以补充备孕女性脂肪、蛋白质、维生素A、不饱和脂肪酸、磷、钙、铁、碘等多种营养成分。

干煎带鱼

材料:

带鱼1条,面粉5克,葱丝10克,姜片10克,蒜片10克

调料:

食用油适量,酱油10毫升,盐2克,醋2毫升

做法:

1. 带鱼去头及内脏,洗净后切段,沥干后双面轻拍上面粉,备用。

2. 锅内放油,烧至七分热,带鱼段下锅过油至金黄色后捞出。

3. 锅内留油,先放入葱丝、姜片及蒜片炒香,再放入带鱼段拌炒几下。

4. 最后加入盐、酱油、醋焖烧,煮熟起锅即可。

备孕女性多吃带鱼,能使肌肤光滑润泽,长发乌黑,面容更加靓丽。

西蓝花拌海带结

材料： 西蓝花150克，海带结150克

调料： 白糖5克，淡色酱油20毫升

做法：

1. 西蓝花洗净、取小朵；海带结洗净。

2. 将白糖、淡色酱油及50毫升开水搅拌均匀成酱汁，放在小碗中备用。

3. 起一锅水，放入西蓝花、海带结煮熟，捞出沥干后便可盛盘。

4. 最后将酱汁均匀地淋在盛盘的西蓝花、海带结上即可。

虾米海带丝

材料： 虾米50克，海带丝200克，姜丝10克，红辣椒丝10克

调料： 米酒5毫升，酱油10毫升，食用油5毫升，芝麻油5毫升

做法：

1. 将虾米洗净，蒸熟；海带丝洗净，放入加有米酒的沸水中焯烫，捞出沥干后放入盘中，加入姜丝、虾米、酱油，腌渍一会。

2. 热油锅，放入红辣椒丝略炸后浇到虾米海带丝上，淋上芝麻油拌匀即可。

家常绿豆海带汤

材料： 海带丝70克，绿豆100克

调料： 冰糖50克

做法：

1. 砂锅中注入适量清水烧开，倒入洗净的绿豆。

2. 盖上盖，烧开后用小火煮约50分钟，至食材变软。

3. 揭盖，倒入备好的海带丝，拌匀搅散，煮约20分钟，至食材熟透。

4. 放入冰糖，搅拌匀，煮至溶化，盛出煮好的绿豆汤，装在碗中即成。

 饮用这款汤，备孕女性可以补充膳食纤维和铁。

牛肉粥

材料： 牛肉100克，胡萝卜50克，白米粥150克，鸡蛋1个，葱花5克，姜丝10克

调料： 盐2克，米酒5毫升

做法：

1. 牛肉切丝，用米酒腌渍20分钟。

2. 胡萝卜洗净，去皮后切丝；鸡蛋打散成蛋液，备用。

3. 取汤锅，放入胡萝卜丝、姜丝、白米粥和适量水一同熬煮，煮开后加入牛肉丝、蛋液和盐。

4. 牛肉丝熟后撒上葱花即可。

食用这款粥，可使备孕女性脾胃健壮、气血充盈、筋骨强健。

西红柿奶酪意面

材料：

意大利面300克，西红柿100克，黑橄榄20克，奶酪10克，蒜末少许

调料：

红酱50克

做法：

1. 洗好的西红柿切成小块；奶酪切成丁，备用。

2. 锅中注入适量清水烧开，倒入意大利面，煮至熟软，将其捞出，装入碗中，备用。

3. 锅置火上，倒入奶酪，放入西红柿，拌匀，倒入红酱，拌匀。

4. 盛出煮熟的食材，放入装有意大利面的碗中，加入黑橄榄、蒜末，拌匀，倒入盘中即可。

幸"孕"小语　食用这款意面，备孕女性可以补充铁和蛋白质。

红烧牛腩面

材料：

细面、西红柿、白萝卜各100克，牛腩300克，葱段20克，花椒、八角各5克，姜丝适量

调料：

食用油、酱油各10毫升，冰糖、辣椒酱各20克，盐适量

做法：

1. 牛腩、西红柿、白萝卜切块；面条加盐烫后盛盘。
2. 起锅滚水，加盐，再放入牛腩烫熟，捞起备用。
3. 热油锅，放入花椒、八角，再放入葱段、姜丝炒香，将牛腩加入拌炒。
4. 下辣椒酱、酱油与冰糖拌煮，上色后放入西红柿、白萝卜与适量水熬煮，最后淋在面条上即可。

面条含有蛋白质、脂肪、碳水化合物等，易于消化吸收，有改善贫血、增强免疫力、平衡营养吸收等功效。

鲍鱼菠菜面

材料： 小鲍鱼2个，菠菜50克，蘑菇6朵，乌龙面1份

调料： 盐2克，酱油5毫升

做法：

1. 小鲍鱼洗净；蘑菇洗净，切片；菠菜洗净，切段。

2. 菠菜焯水，去除草酸及涩味，备用。

3. 起一小锅水，放入鲍鱼、蘑菇熬煮至沸腾。

4. 加入乌龙面一起熬煮，再放入焯烫好的菠菜及盐、酱油搅拌均匀，继续熬煮片刻即可食用。

食用这款面，备孕女性可以补充丰富的蛋白质，较多的钙、铁、碘和维生素A等营养元素。

核桃蜂蜜豆浆

材料： 豆浆300毫升，核桃80克

调料： 蜂蜜30克

做法：

1. 取一锅，放入核桃干，煎出香味后便关火盛盘。
2. 取研钵，将核桃放入，捣碎成末。
3. 将豆浆、核桃碎倒入碗中混合均匀。
4. 再倒入蜂蜜，搅拌均匀即可食用。

菠菜橙汁

材料： 菠菜50克，柳橙100克，胡萝卜50克，苹果100克

做法：

1. 菠菜洗净后切段；柳橙、胡萝卜与苹果洗净后，去皮、切块。
2. 起一锅水，放入菠菜焯烫熟透后，捞起、沥干备用。
3. 将柳橙、胡萝卜、苹果及烫熟的菠菜放入果汁机中一起榨汁后，即可装杯饮用。

♥ 孕前计划一览表

时间	备孕计划	执行方案	备注
前6个月	了解孕育知识	买一本孕育指导书，指导你的整个孕育过程	注意科学性、实用性、形象性
	注射疫苗	尽早注射第一支乙肝疫苗，提前8个月注射风疹疫苗	乙肝疫苗需注射3次
	做一次全面的身体检查	夫妻双方都需要做好健康检查	
	保证健康	一些严重影响怀孕的疾病要提前治愈，停止服药	
	停止避孕	提前6个月停服避孕药，采取避孕套等工具避孕	其他药栓剂避孕应在此之前停止
前5个月	计算孕产开支	计算孕产期的开支和宝宝出生1年后的开支，并制定相应的理财计划	夫妻双方要相互协商，从实际经济条件出发
	记录基础体温	每天清晨坚持执行，不要间断	坚持3个月，了解自己的体温变化规律
前4个月	储备必需的营养	改变不良的生活、饮食习惯，制定健康的营养食谱	
	制定健身计划	慢跑、游泳、参加瑜伽训练	体重超重者应严格执行
前3个月	注意生活、工作环境	离开有害的工作环境	
	停服对宝宝有害的所有药物	对有可能影响妊娠健康的药物要停服，服药一定要咨询医生的意见	
前2个月	安顿好宠物	在亲戚、朋友之间为宠物找一个新的主人	
	调适好心情	多与家人、朋友沟通，保持好的心情	
前1个月	补充营养素	针对自己的身体状况，有针对性地补充营养素，尤其应注意补充叶酸	
	规律性生活	注意性生活卫生，营造浪漫气氛，把握适当的受孕时机	

♥ 正确测定排卵期

一般情况下可以通过测孕试纸、基础体温测量以及宫颈黏液测试等方法检测排卵期，但是较为准确的办法还是去医院进行超声检测。

◆根据月经周期计算排卵期

下次月经来潮的第一天往前数14天就是排卵日，为了减少误差可以在这天前后加减三天即排卵期。不过，这种方法只适于经期非常规律的女性。

◆体温测定排卵期

从月经来潮的第一天开始测量，基础体温上升前后2～3日是排卵期。使用这一方法需连续坚持3个以上月经周期才能说明问题。

◆检测宫颈黏液计算排卵期

当阴道白带开始拉丝并且变得清亮时，说明身体已经为排卵做好准备。使用这种方法判断比较模糊，专家建议在这个阶段隔日同房更利于受孕。

◆检测尿液计算排卵期

通过尿试纸测定为阳性，表明身体开始排卵，所以可以选择在检测后第二天开始同房。

♥ 特殊情况的备孕提醒

◆高龄产妇孕前准备

女性过了35岁才怀孕生产就属于高龄产妇。高龄女性因卵子质量下降，健康怀孕的概率也就会跟着下降，但做好孕前准备工作，不但能增加怀孕的概率，还能为孕育一个健康的宝宝打好基础。

（1）夫妇双方需做全面体格检查，积极治疗原有的疾病

除了遗传性疾病的筛查、身体各项常规检查外，女性还需要做一个妇科检查。夫妻双方中的任何一方存在疾病都不宜马上怀孕，需等病情痊愈并修养一段时间之后再备孕。

（2）高龄产妇要做好心理准备

高龄产妇孕前宜进行优生咨询，了解自己需要注意些什么，有针对性地提前做好心理准备。

（3）提前口服叶酸

叶酸能有效降低胎儿神经管畸形的发生率，还有利于提高胎儿的智力，使新生儿更健康、更聪明。因此，高龄产妇在孕前应按医嘱适量补充叶酸。

（4）少吃甜食

高龄产妇更易发胖和患上妊娠期糖尿病，因此要控制体重，尤其是身体较胖的女性。建议多吃高蛋白、低脂肪的食物，少吃甜食，少喝碳酸饮料。

（5）注意锻炼身体

高龄产妇平时就应适当锻炼身体，增强自己的体质，以便优生。例如，夫妻一起慢跑或做简单的瑜伽。

（6）改变不良的生活习惯

在孕前准备阶段直至哺乳期都应尽量少化妆、避免染发、不涂指甲油、戒烟戒酒、不熬夜。

（7）放松心情

高龄女性心理上更为成熟，对孕育和生育顾虑较多，很容易出现紧张、焦虑情绪。其实，只要加强各种保健措施，孩子会平安出生，不必过于担心，否则反而不利于正常受孕。

◆ **曾经有过胎停育史**

一般情况下，女性怀孕40～50天，胚胎就会发育出胎芽和胎心，如果此时B超检查没有发现胎芽或者胎心的生长，则说明胚胎出现停育，在怀孕初期就称作"胎停育"。有过胎停育史的女性在下次怀孕前需注意以下几个方面：

（1）不要急于受孕怀胎

一般来说，胎停育后至少半年，最好是一年后再怀孕为好。

（2）避开会导致胎停育的因素

有过胎停育经历的夫妇，再次准备怀孕前，孕前检查需重点放在黄体功能、优生五项和肾脾功能上，找到胎停育的原因，避免再次发生胎停育的风险。

（3）补充叶酸

孕前需注意饮食均衡，从怀孕前3个月到怀孕3个月，女性每天需补充0.4毫克的叶酸。

（4）放松心情

无论是自己还是周围的朋友发生过胎停育，均不能为此过度担忧。紧张、压力会导致机体内分泌失衡，这对胚胎的健康发育也是不利的。

◆女性患有心脏病

孕期，准妈妈的血容量比未孕时约增加35%，心搏出量比未孕时增加20%~30%，这都加重了心脏的负担。分娩时由于腹压加大，内脏血液涌向心脏，如果母体患有心脏病则可能无法承受这些变化，容易在孕晚期、分娩时及产后3~4天发生心力衰竭，重者可威胁产妇及围产儿的生命。

对已确定有心脏病的妇女，决定其是否可以妊娠要慎重考虑。一般认为心脏病变较轻，能胜任日常体力活动或轻便劳动者，在妊娠分娩时发生心力衰竭的机会较少，因而如无其他并发症及发绀，年龄又在35岁以下，可在产科与心脏科医师指导下定期检查，允许妊娠。

如果心脏病较严重，轻便劳动就会心悸、气急，甚至症状更严重者均不宜妊娠。此外，先天性心脏畸形严重伴有发绀、心律失常、活动性风湿热、严重高血压治疗效果不佳者，有心力衰竭及脑栓塞病史者，不宜妊娠。

不宜妊娠的心脏病患者一旦怀孕，应在怀孕前3个月内做人工流产，这样安全度较高。

Chapter

怀孕篇：
孕期 40 周同步饮食指导

孕1月

1~4周

新生命悄然而至

♥ 妈妈的身体变化

◆ 体重：怀孕还没有对准妈妈产生体重上的影响，与孕前相比基本上没有变化。

◆ 子宫：此时子宫约有鸡蛋那么大，子宫壁开始变得柔软、增厚，但大小、形态还看不出什么变化。

◆ 乳房：卵巢开始分泌黄体激素，乳房开始变硬，乳头颜色开始变深且变得很敏感，稍微触碰就会引起痛感。

◆ 体温：排卵后基础体温稍高，这种情况会持续3周以上。

◆ 妊娠反应：由于体内激素分泌失衡，比较敏感的准妈妈开始出现恶心、呕吐等症状。

♥ 宝宝的身体变化

◆ 身长：0~0.2毫米。

◆ 体重：约1微克。

◆ 五官：眼睛、鼻子、耳朵尚未形成。

◆ 四肢：身体可分为两大部分，大的为胎宝宝的头部，拖着长长的尾巴，像一个小蝌蚪；手脚未形成。

◆ 器官：脑、脊髓等神经系统，血液等循环器官的原型已经出现；从第3周末开始，出现了心脏的原基，虽然还不具有心脏的外形，但已在胎儿身体内轻轻地跳动；胎盘、脐带也开始发育。

◆ 胎动：胎宝宝暂时还没有胎动的迹象。

宜 or 忌

♥ 孕1月准妈妈的饮食宜忌

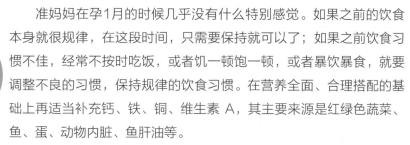

宜

保持规律饮食

准妈妈在孕1月的时候几乎没有什么特别感觉。如果之前的饮食本身就很规律，在这段时间，只需要保持就可以了；如果之前饮食习惯不佳，经常不按时吃饭，或者饥一顿饱一顿，或者暴饮暴食，就要调整不良的习惯，保持规律的饮食习惯。在营养全面、合理搭配的基础上再适当补充钙、铁、铜、维生素 A，其主要来源是红绿色蔬菜、鱼、蛋、动物内脏、鱼肝油等。

饮食清淡

如果准妈妈孕前习惯重口味饮食，在怀孕之后就要慢慢调整。重口味饮食不利于健康，会引发妊娠高血压、水肿、肠胃不适等。清淡的饮食要注意少油、少盐，少吃油炸食物、高糖食物及腌渍食物。孕吐是孕早期的正常生理反应，准妈妈可有选择性地食用清淡可口、富于营养又容易消化的食物，可多进食能开胃健脾的食物，如苹果、枇杷、石榴、白豆、赤豆、鸭蛋、鲈鱼、白萝卜、白菜、冬瓜、淮山、红枣等。

偏食

大多数准妈妈在孕早期胃口不佳，但是要尽量避免偏食。准妈妈如果偏食严重，不仅会影响自身的营养摄入，还会影响胎儿的发育。有些准妈妈喜欢素食，素食一般含有的维生素较为丰富，但是普遍缺乏牛磺酸。如果是素食者，建议采用蛋奶素，适量多摄入些鸡蛋、牛奶来补充牛磺酸。另外，随着生活水平的提高，我们在日常饮食中习惯了精米、精面，忽略了粗粮的重要性。多吃粗粮可以补充微量元素及膳食纤维，对准妈妈和胎宝宝都有益处。

吃有损健康的蔬菜

如果食用没有熟透的四季豆，就有可能引起头晕、呕吐等症状，对于准妈妈非常不利。新鲜的黄花菜中含有秋水仙碱，不宜直接食用，否则会引起腹痛、腹泻、呕吐等症状。发芽的土豆中含有龙葵碱，对肠胃黏膜有刺激作用，对中枢神经还有麻痹作用，不宜食用。大多数无根豆芽是以激素和化肥催发的，是国家食品卫生管理部门明文禁止销售和食用的蔬菜之一。

过量饮用含咖啡因的饮料

众所周知，咖啡因是一种能够令人神经兴奋的物质。如果准妈妈过量饮用含咖啡因的饮料，如浓茶、浓咖啡等，就有可能刺激胎动增加，严重的还会危害胎儿的生长发育，诱发胎儿畸形，甚至会导致死胎。如果孕妇精神不佳，可选择到室外呼吸新鲜空气。

滥补维生素

准妈妈对于维生素的需求量相比孕前有所增加，但是补充维生素要适量，切忌滥补、过量补充。有研究表明，滥补维生素可能会对胎儿的神经管造成影响，导致宝宝大脑发育受损。因此，准妈妈补充维生素时最好从食物中补充，如果要额外摄入维生素补充剂，建议在医生的指导下进行。

❤ 孕1月准妈妈所需的关键营养素

叶酸

　　叶酸是一种非常重要的B族维生素。对于胎宝宝来说，叶酸是蛋白质和核酸合成的必需因子。另外，血红蛋白、红细胞的构成，氨基酸的代谢以及大脑中长链脂肪酸的代谢都离不开叶酸。叶酸可以保障胎儿的神经系统健康发育，预防出生缺陷，降低新生儿患先天白血病的概率。叶酸还可以提高准妈妈的生理功能，增强抵抗力，预防妊娠高血压等症。如果缺乏叶酸，可能会导致胎儿神经管畸形、发育迟缓、早产、体重过低等。医学研究表明，新生儿患先天性心脏病和唇腭裂也与缺乏叶酸有关。对于准妈妈来说，缺乏叶酸容易导致妊娠高血压、胎盘发育不良、胎盘早剥、自发性流产等。所以，准妈妈要在医生的指导下开始补充叶酸，叶酸广泛存在于绿色蔬菜中，如莴笋、菠菜、油菜、胡萝卜、蘑菇、西红柿等。另外，水果、肉类和其他食物中也含有叶酸，如猕猴桃、柠檬、樱桃、草莓、鸡肉、猪肝、牛肉、核桃、板栗、腰果、杏仁等。准妈妈可以多食用这些食物，也可以口服孕妇专用的叶酸补充片。

蛋白质

　　蛋白质是人体每一个组织都不可缺少的物质，大脑、血液、肌肉、骨骼、毛发、皮肤、内脏等各个部位的形成都离不开蛋白质。在我们的机体中，每一个细胞都有蛋白质的参与，它能生成和修复细胞组织、促进人体生长发育、保持体内的酸碱平衡、维持毛细血管的正常渗透，并供给热量。如果准妈妈缺乏蛋白质，胎儿会发育迟缓、体重过轻。

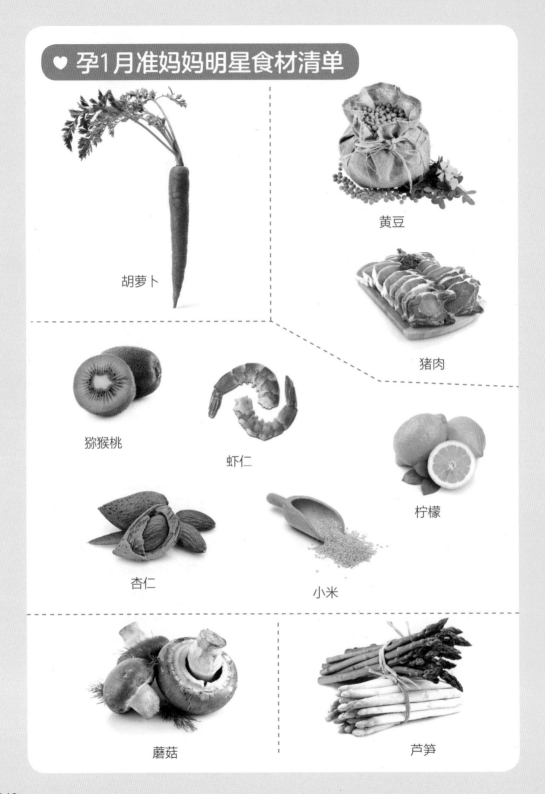

♥ 孕1月准妈妈明星食材清单

胡萝卜

黄豆

猪肉

猕猴桃

虾仁

柠檬

杏仁

小米

蘑菇

芦笋

胡萝卜大杏仁沙拉

材料： 胡萝卜80克，大杏仁10克，生菜50克，柠檬汁10毫升

调料： 蜂蜜、盐各少许，橄榄油10毫升

做法：

1. 洗净去皮的胡萝卜切条，再切丁；择洗好的生菜切成段待用。

2. 将胡萝卜、生菜、大杏仁放入碗中。

3. 加入盐、柠檬汁、蜂蜜、橄榄油，搅拌匀。

4. 将拌好的食材装入盘中即可。

芦笋煨冬瓜

材料： 冬瓜230克，芦笋130克，蒜末、葱花各少许

调料： 盐、水淀粉、食用油各适量

做法：

1. 芦笋用刀切段；冬瓜去瓤，切小块。

2. 锅中注水烧开，倒入冬瓜块、食用油、芦笋段，焯熟，捞出。

3. 起油锅，放入蒜末，爆香，倒入焯过水的材料，炒匀。

4. 加入盐、清水，煮至熟软，放入水淀粉，撒上葱花，盛出即可。

白菜烩蘑菇

材料:

白菜200克,蘑菇80克,葱花
10克,姜末、蒜末各10克

调料:

食用油5毫升,盐2克,酱油
5毫升,米酒5毫升

做法:

1. 将白菜清洗干净后,切成
   片状;蘑菇洗净后,切成
   四瓣。
2. 先热锅,倒入食用油,放
   入葱花、姜末和蒜末拌炒
   爆香,接着加入白菜,炒
   到七分熟。
3. 加入蘑菇翻炒,再加入酱
   油、米酒,大火炒匀,最
   后加入盐拌匀即可。

幸"孕"小语 白菜富含维生素C、维生素B$_2$,为准
妈妈补充营养素。

西蓝花炒蘑菇

材料：西蓝花100克，蘑菇50克，腊肉30克，姜片3片，葱花10克

调料：料酒5毫升，盐2克，白糖2克，胡椒粉5克，食用油5毫升

做法：

1. 将西蓝花洗净，除去过粗纤维后切小块；腊肉洗净后切片，和西蓝花分别过水氽烫。

2. 蘑菇洗净，一开为四备用。

3. 热油锅，先放入腊肉片、姜片一起拌炒，再放料酒，炒至腊肉变色。

4. 再放入西蓝花、蘑菇、盐、白糖、胡椒粉及葱花拌炒，炒至西蓝花软熟即可。

 食用这道菜，准妈妈可以补充蛋白质、糖、脂肪、维生素和胡萝卜素。

双瓜黄豆排骨汤

材料： 冬瓜150克，苦瓜80克，水发黄豆85克，排骨段150克，姜片少许

调料： 盐少许

做法：

1. 将洗净的冬瓜切块；洗好的苦瓜去籽，切小块。

2. 锅中注入清水烧开，放入排骨段，搅匀，氽一会儿，去除血渍后捞出，沥干。

3. 砂锅中注入清水烧开，放入排骨、冬瓜块、苦瓜、黄豆、姜片，搅散，煲煮约70分钟，至食材熟透。

4. 加入盐，搅匀，续煮一小会儿，盛出排骨汤，装在碗中即可。

 饮用这款汤，准妈妈可以补充蛋白质和维生素C。

胡萝卜鸡肉茄丁

材料：去皮茄子100克，鸡胸肉200克，去皮胡萝卜95克，蒜片、葱段各少许

调料：盐、白糖、胡椒粉、蚝油、生抽、水淀粉、料酒、食用油各适量

做法：

1. 洗净去皮的茄子切丁；洗净去皮的胡萝卜切丁；洗净的鸡胸肉切丁。

2. 鸡肉丁装碗，加入盐、料酒、水淀粉、食用油，拌匀，腌渍10分钟至入味。

3. 用油起锅，倒入鸡肉丁，翻炒约2分钟至转色，盛出。

4. 另起锅注油，倒入胡萝卜丁、葱段、蒜片，炒香，加茄子、料酒、清水、盐，搅匀，焖至熟软，放鸡肉、蚝油、胡椒粉、生抽、白糖，炒至入味即可。

食用这道菜，准妈妈可以补充钙和蛋白质，宝宝可以补充维生素A。

蘑菇鸡片

材料： 鸡胸肉150克，蘑菇70克，芦笋50克，高汤适量，蛋白1个

调料： 生粉5克，淡色酱油10毫升，盐2克，芝麻油5毫升，米酒5毫升，食用油适量

做法：

1. 鸡肉切片；蘑菇对半切；芦笋切段。

2. 鸡肉片中加入蛋白、生粉以及淡色酱油，腌渍入味。

3. 起油锅，将鸡肉片炒至变白，放入蘑菇、芦笋翻炒，加米酒、盐拌炒均匀，再加入高汤，淋上芝麻油即可。

金针芦笋鸡丝汤

材料： 鸡胸肉100克，芦笋100克，金针菇20克，蛋白1个

调料： 盐2克，白胡椒粉5克，生粉5克

做法：

1. 芦笋洗净、沥干，切段；金针菇洗净，沥干；鸡胸肉洗净，切丝。

2. 鸡肉丝加入白胡椒粉、蛋白、生粉拌匀，腌渍20分钟入味。

3. 锅中放入清水，加入鸡胸肉、芦笋、金针菇，待煮滚后加盐调味即可。

鲜虾芦笋

材料： 对虾100克，芦笋200克，鸡汤300毫升，姜片10克

调料： 生粉5克，米酒5毫升，水淀粉15毫升，蚝油5克，盐2克，食用油适量

做法：

1. 芦笋洗净、切长段，烫熟后盛盘备用；对虾去壳，挑去肠泥，用生粉及米酒拌匀，腌渍入味。

2. 起油锅，将虾肉煎至两面金黄，取出备用。

3. 另起油锅，爆香姜片，加入鲜虾、鸡汤、蚝油及盐，待汤汁收浓，用水淀粉勾芡，起锅浇在已装盘的芦笋上即可。

芦笋含有丰富的维生素B、维生素A以及叶酸、硒、铁、锰、锌等营养成分，还可以补充人体所必需的氨基酸。

猕猴桃炒虾球

材料： 猕猴桃60克，鸡蛋1个，胡萝卜70克，虾仁75克

调料： 盐2克，水淀粉、食用油各适量

做法：

1. 猕猴桃切小块；胡萝卜切成丁；虾仁背部去除虾线。

2. 虾仁装碗，加盐、水淀粉，腌至入味；鸡蛋打入碗中，加盐、水淀粉，调匀。

3. 锅中倒入清水烧开，放入1克盐、胡萝卜，煮至断生，捞出；热锅注油，倒入虾仁，炸至转色，把炸好的虾仁捞出。

4. 锅底留油，倒入蛋液，炒熟，盛出；用油起锅，倒入胡萝卜、虾仁，炒匀，倒入鸡蛋、1克盐、猕猴桃，炒匀，倒入水淀粉，炒至入味，盛出装盘即可。

幸孕小语：食用这道菜，准妈妈可以补充蛋白质和钙，宝宝可以补充蛋白质和叶酸。

胡萝卜丝蒸小米

材料： 水发小米150克，去皮胡萝卜100克

调料： 生抽适量

做法：

1. 洗净的胡萝卜切片，再切丝。
2. 取碗，加入洗好的小米，倒入清水，待用。
3. 蒸锅中注入清水烧开，放上小米，蒸40分钟至熟。
4. 放上胡萝卜丝，续蒸20分钟至熟透，取出蒸好的小米饭，加上生抽即可。

红枣杏仁小米粥

材料： 大枣2颗，杏仁40克，水发小米250克

做法：

1. 热水锅中倒入洗净的大枣；再放入杏仁，最后倒入泡好的小米，拌匀。
2. 加盖，用大火煮开后转小火续煮30分钟至食材熟软。
3. 揭盖，搅拌几下，以免粘锅底，盛出煮好的粥品，装碗即可。

胡萝卜南瓜粥

材料： 水发大米80克，南瓜90克，胡萝卜60克

做法：

1. 洗好的胡萝卜切成粒；洗净去皮的南瓜切成粒。
2. 砂锅中注入清水烧开，倒入大米、南瓜、胡萝卜，搅拌均匀。
3. 盖上锅盖，烧开后用小火煮约40分钟至食材熟软。
4. 揭开锅盖，持续搅拌一会儿，盛出煮好的粥，装入碗中即可。

玉米胡萝卜粥

材料： 玉米粒250克，胡萝卜240克，水发大米250克

做法：

1. 砂锅中注入适量清水，大火烧开。
2. 倒入备好的大米、胡萝卜、玉米粒，搅拌片刻。
3. 盖上锅盖，煮开后转小火煮30分钟至熟软。
4. 掀开锅盖，持续搅拌片刻，将煮好的粥盛出装入碗中即可。

苹果柠檬汁

材料： 苹果90克，柠檬汁适量

调料： 白糖适量

做法：

1. 洗净的苹果切瓣，去核，去皮，切成小块。
2. 备好榨汁机，倒入切好的食材，加入备好的柠檬汁，倒入少许凉开水。
3. 盖上盖，调转旋钮至1档，榨取果汁。
4. 加入白糖，拌匀，将榨好的果汁倒入杯中即可。

黄豆甜豆浆

材料： 水发黄豆80克

调料： 白糖20克

做法：

1. 把洗净的黄豆倒入豆浆机中，注入适量清水，至水位线即可。
2. 盖上豆浆机机头，选择"五谷"程序，待豆浆机运转约15分钟。
3. 将豆浆机断电，取下机头。
4. 将豆浆盛入碗中，加入少许白糖，搅拌片刻至白糖溶化即可。

孕2月

5~8周

疲惫的快乐时光

♥ 妈妈的身体变化

子宫此时约鹅蛋那么大。

◆ 体重：准妈妈体重没有明显增长，有些准妈妈因为早孕反应体重反而有所下降。

◆ 子宫：子宫壁开始增厚，变得柔软，但大小、形态还看不出有什么变化。

◆ 乳房：在雌激素和孕激素的刺激下，准妈妈的乳房逐渐长大，乳头和乳晕颜色加深，乳头周围有深褐色结节现象。另外，乳房有时会有刺痛或者抽动的感觉。

◆ 体温：基础体温仍然稍高，没有下降。

◆ 妊娠反应：大部分准妈妈会头晕、乏力、嗜睡、流涎、恶心、呕吐、喜欢酸性食物、厌油腻。早孕反应由轻到重，一般将会持续2个月左右。

♥ 宝宝的身体变化

这时胎宝宝的生长发育已由分化前期进入分化期。

◆ 身长：1~3厘米。

◆ 体重：1~4克。

◆ 四肢：骨骼处于软体状态。5周时，手、脚和尾巴处于萌芽状态，7周时，头、身体、手脚开始能分辨，尾巴逐渐缩短，8周末，用肉眼也可分辨出头、身体和手足。

◆ 器官：眼睛、嘴巴、耳朵开始出现轮廓。鼻部膨起，外耳开始有小皱纹，人脸的模样基本形成。脑、脊髓、心脏、胃肠、肝脏初具规模，内外生殖器的原型基本能辨认，但从外表上还分辨不出性别。

◆ 胎盘：子宫内膜绒毛大量增加，逐渐形成胎盘。

◆ 脐带：脐带开始形成，准妈妈与胎儿的联系得到加强。

♥ 孕2月准妈妈的饮食宜忌

宜

饮食清淡易消化

孕早期出现孕吐反应，准妈妈的食物宜清淡易消化。油腻的食物不仅不利于消化，而且还会引起准妈妈的恶心、呕吐等反应。多喝水、多吃蔬菜和水果，吃些清淡可口、量少质精的食品，尽量保障每日热量的基本供应，如馒头、花卷、面条、面包等，可以保护准妈妈的肠胃健康，减轻孕吐反应。

保持孕前的能量平衡

很多准妈妈觉得胎儿需要很多营养和能量，所以常常导致能量摄入过量。其实，孕早期与孕前能量维持平衡最好。孕早期由于基础代谢增加不明显，胚胎发育缓慢，准妈妈如果摄入过多的能量，反而会加重身体负担。

没有食欲也要尽量吃

孕早期的时候准妈妈会出现早孕反应，没有食欲，看见食物不想吃，看到油腻的食物还会恶心。但是，为了准妈妈和胎儿的营养，没有食欲也要尽量吃，也可以适量多吃一些水果，如柑橘、菠萝、苹果、猕猴桃和香蕉等。菠萝和苹果都是营养极为丰富的水果，维生

素、蛋白质、碳水化合物、矿物质的含量异常丰富，苹果具有促消化、防便秘、预防孕吐等作用，而菠萝中丰富的酶也是帮助开胃的好手，所以建议食欲不佳的准妈妈可以在两餐之间喝点菠萝苹果汁，更有利于开胃。

食糖过量

孕早期女性忌过多食用含糖量高的食物，如水果糖、蜜饯等。实验研究表明，糖分摄入过量不仅会降低免疫力，还会增加患糖尿病的概率。如果孕期女性摄入过多的高糖食物，就会增大生出巨儿的概率，还有可能使胎儿先天畸形。

吃寒凉食物

孕早期不能食用茄子、木耳菜、慈姑、仙人掌、薏米、螃蟹等食物，这些食物多是寒凉之物。《本草求真》中说"茄味甘气寒，质滑而利，孕妇食之，尤见其害"；而木耳菜不仅性寒，还具有滑利凉血的功效，所以不宜食用。

吃活血化瘀的食物

孕早期不能食用油菜、益母草、黑木耳、木瓜、马齿苋、山楂等食物，这些食物都在一定程度上具有促进人体血液循环、活血化瘀的功效，而在怀孕早期，孩子的气血刚刚成形，食用这些食物容易造成流产，所以不宜食用。

食用影响钙、锌吸收的食物

孕早期女性忌食菠菜等影响钙、锌吸收的食物。锌能增强免疫力，促进胎儿生长发育，改善味觉。准妈妈在孕期需要摄入足够的锌，否则宝宝出生后会出现味觉差、厌食等现象。钙可以维护骨骼和牙齿健康，维护心脏、肾脏功能和血管健康，有效控制孕期水肿。

喝咖啡、浓茶和酒

孕早期女性忌饮咖啡、浓茶和酒。咖啡和浓茶中含有咖啡因，会影响胎儿的神经发育。浓茶中的茶多酚还会影响铁的吸收，准妈妈长期饮浓茶会造成缺铁性贫血。酒精具有很强的刺激性，会影响胎儿的神经发育，准妈妈饮酒易出现恶心、呕吐、头痛、心跳加快等症状，无益于健康。

忌

♥ 孕2月准妈妈所需的关键营养素

维生素 B_6

孕期迈入第5周，准妈妈需补充足够的维生素B_6，不仅可以缓解孕吐，对母体本身及胎儿也有好处。很多准妈妈在怀孕初期都有孕吐的困扰，这时医生除建议多休息及调节饮食，处方经常会开出维生素B_6来帮助准妈妈减缓孕吐的症状。维生素B_6对人体十分重要，主要担任酶素辅酶的角色，参与蛋白质、氨基酸的代谢，进而维护神经与内分泌系统，起到调节全身机能的作用。维生素B_6在酵母菌、肝脏、谷粒、肉、鱼、蛋、豆类及花生中含量较多。但如果准妈妈长时间维生素B_6摄取过量，胎儿容易产生依赖，宝宝出生后容易不安、哭闹及受惊，甚至可能出现智力偏低的症状。

维生素 C

维生素C为水溶性维生素，很轻易便会从体内流失，准妈妈必须从饮食中努力摄取。维生素C不仅可以加速凝血，还可以帮助合成胶原蛋白，并参与氨基酸代谢。很多准妈妈刷牙时会有牙龈出血的困扰，这个时期应适量从饮食中补充维生素C，不但出血症状可以缓解，还可以提升抵抗力，甚至能够预防胎儿先天畸形。维生素C摄取过少，则会影响胎儿发育，甚至发生败血症。富含维生素C的食物有草莓、西红柿、红椒、木瓜、上海青、南瓜、包菜等。

维生素B_6与C对人体虽然很重要，但准妈妈切勿自行补充高单位锭剂，否则会对身体造成负担。

♥ 孕2月准妈妈明星食材清单

香蕉

西红柿

豆腐

花椰菜

干贝

牛腩

青椒

上海青

白菜

鸡肉

橘子香蕉水果沙拉

材料:

去皮香蕉200克,去皮火龙果200克,橘子瓣80克,石榴籽40克,柠檬15克,去皮梨子100克,去皮苹果80克

调料:

沙拉酱10克

做法:

1. 洗净的香蕉切成丁;洗好的火龙果切块;洗净的苹果切块;洗好的梨子去内核,切块。

2. 取碗,放入梨子、苹果、香蕉、火龙果、石榴籽。

3. 挤入柠檬汁,用筷子搅拌均匀。

4. 取一盘,摆放上橘子瓣,倒入拌好的水果,挤上沙拉酱即可食用。

 幸"孕"小语 食用这道沙拉,准妈妈可以补充丰富的维生素。

063

豆豉双椒

材料： 红椒80克，青椒150克，豆豉10克，蒜3瓣，蒜苗末10克

调料： 白糖2克，食用油、酱油各5毫升

做法：

1. 青椒和红椒去蒂、去籽，切丝备用。

2. 蒜切碎；豆豉泡软，沥干备用。

3. 锅中加入食用油烧热，先放入蒜碎爆香，再加入豆豉一同炒匀。

4. 放入酱油和水，再加入青椒、红椒一起炒1分钟，最后加入白糖和蒜苗末提味即可。

西红柿炖豆腐

材料： 西红柿200克，豆腐100克，豌豆20克，葱花10克

调料： 盐2克，食用油5毫升

做法：

1. 西红柿洗净，切成片；豆腐倒去涩水后切块，泡入盐水中备用。

2. 油锅烧热，放入葱花、西红柿煸炒，接着加入盐、豆腐和适量清水，以大火烧开。

3. 最后加入豌豆，等汤汁煮沸后即可。

什锦烩豆腐

材料：

豆腐150克，豆芽菜45克，胡萝卜45克，香菇25克，青椒15克，葱花5克

调料：

食用油适量，酱油15毫升，水淀粉15毫升，胡椒粉5克，芝麻油、米酒各5毫升

做法：

1. 胡萝卜洗净、去皮，切片；香菇洗净、切片，香菇蒂头切斜刀；青椒洗净，切成青椒圈。

2. 豆腐洗后切块放入油锅中煎至金黄，再加入香菇、胡萝卜、豆芽菜和酱油，翻炒后加入水煨一下。

3. 放入青椒、水淀粉、胡椒粉、米酒，翻炒匀。

4. 撒葱花，淋芝麻油即可。

 食用这道菜，准妈妈可以补充丰富的蛋白质和维生素C。

蒸肉末白菜卷

材料： 白菜叶、瘦肉末各100克，蛋液30毫升，葱花、姜末各3克

调料： 盐、胡椒粉、干淀粉、料酒、水淀粉、食用油各适量

做法：

1. 把瘦肉末放入碗中，加入料酒、姜末、葱花、盐、蛋液、胡椒粉、食用油、干淀粉，拌匀，制成肉馅。

2. 锅中注入清水烧开，放入白菜叶，搅散，焯一会儿，断生后捞出，沥干水分。

3. 将肉馅放入菜中，卷成肉卷儿，放在蒸盘中，蒸至食材熟透，取出。

4. 锅置旺火上，加入清水、盐、水淀粉、食用油，调成稠汁，盛出，将稠汁浇在蒸熟的菜肴上即可。

白菜富含维生素C，可增加机体对感染的抵抗力，还含有丰富的纤维素，可增强准妈妈肠胃的蠕动。

西红柿培根蘑菇汤

材料：

西红柿100克，培根45克，紫菜3克，奶油10克，面粉15克，牛奶200毫升，鲜蘑菇50克

做法：

1. 将培根略煎，切碎；西红柿去皮后搅成泥，与培根碎拌成西红柿培根酱。

2. 鲜蘑菇洗净，切片；紫菜切成细丝。

3. 锅中放入奶油，融化后加入面粉炒匀至有香气；放入鲜蘑菇、牛奶和西红柿培根酱，再加水调成适当的浓度，撒上紫菜丝即可。

辛"孕"小语

培根中磷、钾、钠的含量丰富，还含有脂肪、胆固醇、碳水化合物等营养元素。

青椒牛肉丝

材料：

牛肉80克，青椒40克，蒜末5克

调料：

酱油10毫升，生粉5克，米酒5毫升，芝麻油5毫升，盐5克，食用油适量

做法：

1. 牛肉洗净后，横纹切成丝，加入酱油、米酒、蒜末和生粉拌匀，再加入芝麻油拌匀，腌渍20分钟。
2. 青椒洗净，切细条备用。
3. 起油锅，放入牛肉丝拌炒，约七分熟时捞起。
4. 原锅中加入青椒拌炒至稍微出水，再放入牛肉丝拌炒至全熟，最后加入盐稍微调味即可。

幸"孕"小语

青椒含有丰富的维生素C，可以增加准妈妈的食欲，促进肠道蠕动，帮助消化。

西红柿炖牛腩

材料：

牛腩250克，西红柿100克，
洋葱50克，奶油15克

调料：

盐3克，米酒5毫升

做法：

1. 牛腩切小块，热水锅，加
   入盐、米酒，放入牛肉块
   汆去血水，捞起备用。

2. 西红柿、洋葱分别洗净后
   切块。

3. 起热锅，加入奶油，融化
   后放入洋葱炒香，至其呈
   透明状。

4. 加入西红柿、500毫升热
   水，再加入牛腩，炖煮30
   分钟，最后加入盐即可。

幸"孕"小语

西红柿属于酸酐生津之物，牛腩能养
阴，可起到补血滋阴的作用，植物蛋
白和动物蛋白相结合，营养更均衡。

西红柿牛肉汤

材料：

西红柿100克，牛腱肉150克，生姜3~4片

调料：

米酒5毫升，盐3克

做法：

1. 将牛腱肉切块，和生姜片一同放入滚水中，汆烫去血水。

2. 西红柿清洗干净后，切成适当大小。

3. 将牛腱肉和西红柿放入锅中，加入200毫升水和米酒，捞除表面浮沫。

4. 开中火，煮滚后再用小火炖煮1~2小时，等牛腱肉软嫩后，加入盐，稍煮片刻即可。

西红柿含有丰富的胡萝卜素、维生素C和B族维生素。

蚝油鸡柳

材料：

鸡胸肉350克，木耳片40克，黄椒丝50克，秋葵50克，姜末30克，蒜末30克

调料：

白糖2克，盐3克，生粉15克，食用油、米酒各10毫升，蚝油30克

做法：

1. 秋葵洗净，去头；鸡胸肉切条状，加入1克盐、米酒、姜末、蒜末拌匀，再加入生粉和油，腌一会。

2. 沸水中放盐，放入木耳片、秋葵、黄椒丝焯水，捞出。

3. 起油锅，放入鸡胸肉煎炒，爆香姜末、蒜末，再加入焯过水的食材、白糖、蚝油、盐与水，翻炒至汤汁收干即可。

 幸孕小语　食用鸡肉可为准妈妈提供丰富的钙、磷和蛋白质。

桂花干贝

材料：

鸡胸肉100克，干贝50克，鸡蛋1个

调料：

盐2克，芝麻油5毫升，米酒5毫升，食用油5毫升，生粉5克

做法：

1. 将干贝洗净后，放入碗内，隔水蒸熟后压碎。

2. 鸡胸肉洗净，剁成泥。

3. 鸡肉泥放入碗内，倒入米酒、芝麻油、盐、生粉，搅拌均匀。

4. 再加入蛋液、干贝碎末和少许水，搅拌成糊料。

5. 将糊料放入油锅中翻炒，拨散，做成桂花状即可。

幸"孕"小语 　干贝富含蛋白质、碳水化合物、核黄素和钙、磷、铁和矿物质等多种营养成分。

芥菜干贝汤

材料：

芥菜250克，干贝10克，鸡汤200毫升，葱花5克，姜丝10克，蒜泥10克

调料：

米酒5毫升，芝麻油5毫升，盐3克，食用油适量

做法：

1. 将芥菜去蒂头，切段。
2. 干贝稍微冲洗后，放入30毫升水里，加入米酒后浸泡30分钟，备用。
3. 起油锅，爆香姜丝、蒜泥，接着放入芥菜、干贝翻炒。
4. 加入鸡汤、盐、泡干贝的水，煮滚即可。
5. 起锅前，淋上芝麻油、撒上葱花即可。

幸孕小语　芥菜含有丰富的胡萝卜素、钾、钙、维生素A、磷、维生素C、钠、镁等营养元素。

西蓝花炖饭

材料：

白饭150克，西蓝花50克，
牛奶40毫升

调料：

盐适量

做法：

1. 将西蓝花洗净后，切成小
   朵备用。

2. 烧一锅滚水，加少许盐，
   放入西蓝花焯烫至软嫩
   后，捞起备用。

3. 在锅里放入白饭，倒入
   水，用大火煮开后转小
   火，一边煮一边搅拌，待
   水分所剩无几时，倒入牛
   奶持续搅拌至汤汁收干，
   再加入西蓝花搅拌均匀，
   最后加盐调味即可。

幸"孕"
小语

食用西蓝花，准妈妈可以补充丰富的
蛋白质和维生素C。

香蕉粥

材料： 香蕉250克，水发大米400克

做法：

1. 洗净的香蕉切丁。
2. 砂锅中注入适量清水烧开，倒入大米，拌匀，煮20分钟至熟。
3. 放入香蕉，续煮2分钟至食材熟软。
4. 搅拌均匀，将煮好的粥盛出，装入碗中即可。

南瓜上海青粥

材料： 白米粥150克，南瓜60克，上海青2棵

调料： 盐5克

做法：

1. 南瓜去皮和瓤，洗净后切成小丁；上海青洗净，切小段，备用。
2. 锅中放入白米粥、南瓜丁、上海青，加入50毫升热水一起熬煮。
3. 待煮至南瓜丁软烂熟透后，加盐调味即可。

孕3月

9~12周

害喜月尤需呵护

💗 妈妈的身体变化

子宫约有妈妈的拳头大。

◆体重：准妈妈开始食欲增加，下降的体重逐渐回升。

◆子宫：下腹部还未明显隆起，子宫在3个孕月末时，已如母体拳头大小。

◆乳房：乳房胀痛，开始进一步长大，乳晕和乳头色素沉着更明显，颜色变黑。

◆妊娠反应：孕3月的前两周是妊娠反应最严重的阶段，之后随着孕周的增加反而开始减轻，不久将会自然消失。

💗 宝宝的身体变化

孕早期在本月就要结束了，3个月来胎儿发生了巨大的变化，仅仅80多天的时间，胎儿就初具人形了。

◆胎长：3~10厘米。

◆胎重：4~40克。

◆四肢：整个身体中头显得格外大；尾巴完全消失；眼睛及手指、脚趾均清晰可辨。四肢在羊水中已能自由活动，左右腿还可交替做屈伸动作，双手能伸向脸部。

◆器官：面颊、下颌、眼睑及耳郭已发育成形，颜面更像人脸。肋骨、皮下血管、心脏、肝脏、胃肠更加发达；自身形成了血液循环；外生殖器分化完毕，可辨认出胎宝宝的性别。

◆胎动：这时胎宝宝活动并不强烈，准妈妈暂时还不能感觉到胎动。

♥ 孕3月准妈妈的饮食宜忌

选择自己想吃的食物

准妈妈在第三个月的孕吐反应最为严重，所以如果准妈妈食欲不好，就尽量选择自己想吃的食物。准妈妈还要注意少食多餐，尽量选择易于消化、新鲜的食物，避免油腻、辛辣、刺激的食物。

按时吃早餐

很多准妈妈没有吃早餐的习惯，这对准妈妈和胎儿都是有很大影响的。经过一整晚的消耗，准妈妈和胎儿都需要一顿丰盛的早餐来补充营养，如果不吃可能会出现低血糖等症状，影响宝宝的生长发育。

饮水首选白开水

怀孕期间多饮水对准妈妈有很多好处，既可以增加循环血量，促进新陈代谢，又可以增强自身免疫功能，预防感冒和便秘等，对胎儿的生长发育也有积极的促进作用。因此，准妈妈饮水首选白开水。

适量吃巧克力

准妈妈孕早期可能出现产生忧虑过度、心情不能平静等症状，此时如果适量食用一些巧克力，可以使自己的情绪得到放松，其所生的宝宝在一定程度上也能减少对新环境的恐惧感。喜欢吃巧克力的准妈妈所生的宝宝普遍呈现出积极健康、乐观向上的情绪，研究者发现，这与巧克力本身所含的化学物质有关。

准妈妈食用巧克力后，将此种化学物质传递给胎宝宝，使其出生后表现出积极乐观的情绪。但准妈妈也不宜过量使用巧克力，因为巧克力中含有咖啡因，若过度摄入，将会影响胎宝宝的生长发育，甚至引发流产或早产。

营养不良

孕3月的时候绝大多数准妈妈会出现孕吐反应，轻则食欲不佳、恶心呕吐，重则呕吐不止，吃什么吐什么。但是，准妈妈依然要尽量保证营养的摄入，避免营养不良。

准妈妈营养不良会对胎儿的智力产生影响，胎儿脑细胞发育最旺盛的时期就是孕期的前三个月、后三个月以及出生后的一年之内。孕期营养不良还会导致准妈妈贫血，胎儿容易早产。

食用易过敏的食物

如果是过敏体质的准妈妈食用易过敏食物，不仅会导致胎儿患病，还可能导致流产或胎儿畸形。这些易过敏食物经消化吸收后，可从胎盘进入胎儿的血液循环中，妨碍胎儿的生长发育，或直接损害胎儿某些器官，如肺、支气管等。所以不要吃过去从未吃过的食物；不要吃易过敏的食物，如虾、蟹、贝壳类及辛辣刺激性食物。

过多摄入鱼肝油和含钙食物

有些准妈妈为了给自己和胎儿补钙，大量服用鱼肝油和钙元素食品，这样对体内胎儿的生长是很不利的。准妈妈长期大量食用鱼肝油和钙元素食品，会引起食欲减退、皮肤发痒、毛发脱落、皮肤过敏、眼球凸出、维生素C代谢障碍等。同时，血中钙浓度过高，会导致肌肉软弱无力、呕吐和心律失常等，这些都是不利于胎儿生长的。有的胎儿生下时就已萌出牙齿，一个可能是由于婴儿早熟的缘故，另一个可能是由于准妈妈在妊娠期间大量服用维生素A和钙制剂或含钙元素的食品，使胎儿的牙滤泡在宫内过早钙化而萌出。钙可以被人体各个部分吸收利用，能够维持神经肌肉的正常张力，维持心脏跳动，并维持免疫系统功能，还能调节细胞膜毛细血管的通透性。所以准妈妈不要随意服用大量鱼肝油和钙制剂，如果因治病需要，应按医嘱服用。

忌

♥ 孕3月准妈妈所需的关键营养素

镁

准妈妈在这个阶段需补充足够的镁，对胎儿骨骼及肌肉发育有着不可或缺的重要性。镁对人体相当重要，主要配合酶一起作用，核酸、蛋白质、糖类、脂类的作用都需要镁来配合。它同时控制细胞膜的作用，缺乏时会干扰钙与钾的作用。长期腹泻及消化道发炎都会影响镁的吸收，甚至耗尽体内镁的存量。镁会影响胎儿的发育，包含身高、体重及头围等，准妈妈摄取足够的镁不仅可以让胎儿正常发育，对本身子宫肌肉的恢复也有很大的帮助。准妈妈缺乏镁，会引发子宫收缩，导致早产；摄取过多，会导致镁中毒。

维生素 A

维生素A对于人体来说有多重功用，如促进骨骼生长，细胞分化、增生，甚至是强化免疫系统、预防感染，不仅可以维护体内各个组织上皮细胞的健康、维持正常视觉作用，还可以促进胎儿发育。在胚胎发育初期，细胞需要增生及分化成不同组织，这些过程需要基因正常发挥作用，如果基因表现失常很可能造成畸形，而维生素A则能参与调节形态发育的基因。胎儿发育前3个月，无法自行储存维生素A，非常依赖母体供应。准妈妈缺乏维生素A，容易罹患夜盲症；摄取过多，会增高畸胎风险。黄色水果如柑橘，及黄、绿色蔬菜中均含有β-胡萝卜素，可在人体内转化为维生素A；动物脂肪如蛋黄及肝脏中含有一定的维生素A；此外，鱼肝油也是维生素A的良好来源。

♥ 孕3月准妈妈明星食材清单

南瓜

丝瓜

莲子

猪肚

红薯

芥蓝

猪肉

花甲

芹菜

山药

蚝油芥蓝

材料： 芥蓝350克，柴鱼片15克，姜末20克

调料： 白糖适量，蚝油15克，食用油5毫升

做法：

1. 芥蓝洗净，切成段。

2. 热水锅，将芥蓝焯烫，捞出备用。

3. 热油锅，爆香姜末，放入芥蓝拌炒，再加蚝油、白糖翻炒，即可盛盘。

4. 在炒好的芥蓝上面撒上柴鱼片即可。

丝瓜熘肉片

材料： 丝瓜150克，猪瘦肉100克，姜丝10克，葱段10克

调料： 生粉5克，米酒5毫升，盐2克，白醋5毫升，食用油适量

做法：

1. 丝瓜洗净，去皮切片。

2. 猪肉洗净，切成薄片，再加入生粉、米酒和盐，腌渍10分钟。

3. 热油锅，爆葱段、姜丝，放猪肉片翻炒，再放丝瓜，加盐、白醋即可。

南瓜蒸肉

材料：

小南瓜1个，猪肉150克，红枣4个，葱末10克

调料：

酱油10毫升，甜面酱10克，白糖2克，米酒5毫升

做法：

1. 将南瓜洗净，在瓜蒂处开一个小盖子，用汤匙仔细挖出南瓜子。

2. 猪肉洗净、切片，加酱油、甜面酱、白糖、葱末、米酒拌匀，填入南瓜盅里，并塞入红枣。

3. 盖上南瓜盖，用大火蒸10分钟后，取出即可。

南瓜中富含的类胡萝卜素可在准妈妈体内转化为具有重要生理功能的维生素A。

芹菜炒肉丝

材料：

猪瘦肉250克，芹菜100克，葱花5克，姜丝10克

调料：

米酒、酱油、食用油各5毫升，盐2克，生粉5克

做法：

1. 将芹菜去叶，洗净，除去过粗纤维后切斜刀备用。

2. 瘦猪肉洗净后切丝，加入米酒、酱油、盐、生粉拌匀，腌渍一会。

3. 起油锅，将猪肉丝炒至变色，捞出备用。

4. 炒锅中重新倒油烧热，先将姜丝爆香，再放入肉丝和芹菜翻炒，最后加入盐调味，再加入葱花即可。

辛"孕"小语

芹菜富含蛋白质、碳水化合物、胡萝卜素、B族维生素、钙、磷、铁、钠等。

山药南瓜肉松羹

材料：

南瓜100克，山药100克，肉松20克，鸡蛋1个，香菜10克，葱花10克

调料：

水淀粉15毫升，盐2克

做法：

1. 将一半的南瓜去皮、切薄片，放入锅中蒸至熟软，取出压成泥。

2. 剩下的南瓜和山药切丁；鸡蛋打散成蛋液备用。

3. 南瓜丁和山药丁放入300毫升沸水中煮，加入南瓜泥搅拌，再加入盐调味。

4. 待南瓜丁熟软，接着倒入水淀粉勾芡后，加入蛋液煮成蛋花。

5. 起锅前加入葱花、香菜和肉松即可。

幸"孕"小语

南瓜富含膳食纤维，能增加食欲和促进骨骼发育，和山药一起熬煮，可润肠通便、预防便秘、改善肠道功能。

丝瓜瘦肉汤

材料： 嫩丝瓜150克，猪瘦肉100克，红枣10克，生姜2片

调料： 食用油5毫升，盐2克

做法：

1. 丝瓜去皮，与猪瘦肉、生姜均切成片，备用。
2. 取一小碗，将红枣泡入热水中备用。
3. 起油锅，爆姜片，加入适量水煮滚。
4. 接着放入红枣与猪瘦肉片，待猪肉片八分熟，再放入丝瓜片与盐，续煮3分钟即可。

芹菜肚丝

材料： 猪肚200克，芹菜100克，辣椒丝20克，蒜泥20克

调料： 盐2克，米酒、芝麻油、辣油各5毫升

做法：

1. 将芹菜去叶，洗净、切段，过水煮熟后捞出，放入冷水中浸泡。
2. 猪肚洗净，放入加了米酒和盐的沸水中汆烫去腥，再取出切丝。
3. 将芹菜、猪肚装盘，加盐、蒜泥、辣椒丝、辣油和芝麻油，拌匀即可。

莲子炖猪肚

材料：

猪肚80克，去心莲子15克，山药10克，姜片3片，葱段10克

调料：

盐3克

做法：

1. 莲子放入温开水中泡30分钟，备用。
2. 猪肚洗净，放入沸水中煮至软烂，捞出后冲洗，再切成条。
3. 将猪肚条、葱段、姜片、山药、莲子一起放入清水中，用小火炖约40分钟。
4. 最后再放入盐调味即可。

幸"孕"小语

莲子含有镁、维生素B₂、维生素E、膳食纤维等，具有安神养心的作用。和猪肚一起熬汤，可健脾养胃。

山药炒花甲

材料： 花甲500克，山药200克，香菜段50克，姜丝15克，葱丝10克

调料： 盐2克，米酒10毫升，花椒油2毫升，食用油30毫升

做法：

1. 将花甲放入清水中浸泡，使其吐净泥沙，再捞出冲洗干净；用蒸锅蒸熟后，去壳取肉。

2. 山药去皮、洗净，切成片，再放入沸水中略烫，捞出沥干。

3. 起油锅，下葱丝、姜丝炒香，再加入花甲肉。

4. 加米酒炝锅，倒入山药片、盐炒匀，撒上香菜段，再淋上花淑油，即可装盘。

幸"孕"小语

山药所含能够分解淀粉的淀粉糖化酶，有促进消化的作用，有利于改善脾胃消化吸收功能。

红薯莲子银耳汤

材料：红薯130克，水发莲子150克，水发银耳200克

调料：白糖适量

做法：

1. 将洗好的银耳切去根部，撕成小朵；去皮洗净的红薯切丁。

2. 砂锅中注入清水烧开，放入莲子、银耳，拌匀，煮约30分钟，至食材变软。

3. 倒入红薯丁，拌匀，续煮约15分钟，至食材熟透。

4. 加入白糖，拌匀，煮至溶化，盛出煮好的银耳汤，装在碗中即可。

幸"孕"小语　红薯中含有丰富的胡萝卜素，可在准妈妈体内转化为维生素A，其淀粉也很容易被人体吸收。

红薯粥

材料： 红薯60克，白米30克

做法：

1. 将红薯洗净去皮，切成滚刀块，放在盐水里泡10分钟备用。
2. 白米洗净，用清水浸泡30分钟。
3. 将泡好的白米和红薯放入锅内，边煮边搅拌。
4. 大火煮沸后，转中小火，焖煮20至30分钟，至米粒软烂即可。

四喜蒸饺

材料： 饺子皮200克，芹菜50克，蘑菇50克，水发木耳50克，胡萝卜丝50克，菠菜50克，水发粉丝30克，豆干30克，水发笋片30克，姜末30克

调料： 盐3克，芝麻油、酱油各15毫升

做法：

1. 所有食材洗净、过水、剁末，备用；取一大碗，将备好的食材放入混合，再加入所有调味料搅成馅。
2. 取饺子皮，包入馅料，捏出长条饺子形状，头尾留开口，蒸锅蒸熟即可。

南瓜包

材料：

南瓜400克，糯米粉200克，藕粉15克，鲜香菇2朵

调料：

盐2克，酱油15毫升，白糖5克，食用油5毫升

做法：

1. 南瓜去皮，蒸熟后压碎；鲜香菇洗净，切丝。

2. 先将糯米粉与50毫升水混合揉成面团，取出一小块放入滚水中，浮起后捞出，加入剩余的面团中，再加入藕粉和南瓜泥，做成南瓜面团。

3. 起油锅，放入香菇、盐、酱油、白糖，炒匀成馅。

4. 将揉好的面团分成均匀若干份，擀成包子皮后包入馅料，蒸锅蒸熟即可。

幸"孕"小语　南瓜含有的果胶能消除体内细菌毒素和其他有害物质，是准妈妈补充维生素A、提振食欲的良好食材。

芹菜猪肉水饺

材料：

饺子皮500克，芹菜300克，
五花肉300克，姜末20克

调料：

酱油30毫升，芝麻油30毫
升，盐2克

做法：

1. 芹菜刮去粗纤维，洗净后
   切丁，挤出汁来分成芹菜
   汁和芹菜丁备用；五花肉
   洗净后剁末。

2. 肉末放碗中，加入芹菜
   汁、适量水、芹菜丁、
   酱油、芝麻油、姜末、盐
   搅拌成馅，放入冰箱冷藏
   20分钟，取出包入饺子皮
   中，做成饺子。

3. 取一锅，加水煮沸后，将
   饺子煮熟即可。

面粉富含蛋白质、碳水化合物、维生
素和钙、铁、磷、钾、镁等矿物质，
为准妈妈补充所需营养素。

孕4月

13~16周

腹中宝宝初长成

♥ 妈妈的身体变化

◆体重：准妈妈食欲增加，体重也随之增加。

◆子宫：子宫增大，腹部也隆起，看上去已是标准的准妈妈模样。

◆乳房：准妈妈已能感到乳房在增大，并且乳周发黑，乳晕更为清晰。乳头已经可以挤出一些乳汁了，看上去就像刚分娩后分泌出的初乳。

◆阴道分泌物：阴道分泌的"白带"增多，正常的分泌物应是白色、稀薄、无异味的，如果分泌物量多而且颜色、性状有异常，应请医生检查。

◆尿频、尿急：增大的子宫开始压迫膀胱和直肠，膀胱容量减少，排尿间隔缩短，排尿次数增加，导致准妈妈总想如厕。但准妈妈千万不要不喝水或憋尿，免得造成尿路感染。

◆妊娠反应：早孕反应消失，准妈妈身体和心情舒爽多了。

♥ 宝宝的身体变化

◆胎长：10~18厘米。

◆胎重：40~160克。

◆四肢：肌肉、骨骼继续发育，胎宝宝的手脚稍微能活动。

◆五官：头渐渐伸直，脸部已有了人的轮廓和外形，还长出一层薄薄的胎毛，头发也开始长出；下颌骨、面颊骨、鼻梁骨等开始形成，耳郭伸长；牙槽内开始出现乳牙牙体。

◆器官：脊柱、肝、肾都"进入角色"，皮肤逐渐变厚。听觉器官基本完善，对声音刺激开始有反应。

◆胎动：现在胎动时会有像喝了饮料后胃肠蠕动的感觉。注意记录第一次胎动的时间，做检查时告诉医生。

♥ 孕4月准妈妈的饮食宜忌

早晚饮食均衡

很多准妈妈没有吃早餐的习惯，无论是准妈妈还是胎宝宝，都会影响到营养的吸收。晚餐过后活动量比较少，但是晚餐却往往非常丰盛，容易吃得过多，容易影响睡眠和消化。

多摄入优质蛋白质

在这一时期，胎儿的器官组织继续生长，身体发育速度变快，因此需要充足的优质蛋白质的供应。孕中期的准妈妈要比孕早期每天多摄入15克蛋白质，要适量多吃鱼、肉、蛋、豆制品等富含优质蛋白质的食物。

增加主食的摄入

进入孕中期，胎儿的成长速度也在加快，需要增加热量供应。准妈妈的热量主要从主食中摄取，如米、面、杂粮等。如果准妈妈主食摄入不足，不仅不能满足自身的热量需求，还会导致维生素B_1缺乏，出现肌肉酸疼、身体乏力等现象。

及时补血

孕期的缺铁性贫血，不但可能会导致准妈妈气短乏力、头昏眼花等症状，还会使胎宝宝发生宫内缺氧、生长发育迟缓，甚至出生后智力发育障碍等等。因此，准妈妈在孕中期必须特别注意补充铁。可多吃猪肝、海带、芹菜、油菜、草莓、樱桃等，还需补充适宜的维生素C，以促进铁的吸收。

大量摄入高脂肪食物

孕中期的胎儿，全身组织尤其是大脑细胞发育速度比孕早期明显加快，需要更充足的脂类营养素，特别是必需脂肪酸、磷脂和胆固醇。因此，准妈妈可交替吃一些核桃、松子、葵花子、杏仁、榛子、花生等干果类食物。这些食物富含胎儿大脑细胞发育所需要的必需脂肪酸，是健脑益智食物，可满足孕中期准妈妈的需求。脂肪是准妈妈不可缺少的营养素之一，也是热量的重要来源之一，还是脂溶性维生素的良好溶剂。所以，准妈妈摄入足够的脂类营养素是非常必要的。但是同时也要注意，准妈妈不宜食用大量高脂肪食物。在孕期，准妈妈的肠道消化吸收脂肪的能力有所增强，血脂相对升高，体内脂肪堆积也相对增多。但是，由于妊娠期能量消耗增多，而糖的储备量减少，对于分解脂肪不利，所以会容易引发酮血症，导致准妈妈出现脱水、头昏、恶心等症状。

滥用滋补药品

是药三分毒，任何药品，无论是常规药品还是滋补药品，都要在人的体内进行分解、代谢，都有一定的不良反应。这也是孕妇尽量不用药的原因。如果使用不当，即使是滋补性的药品，也会对准妈妈和胎宝宝带来不良影响。补药对胎儿的影响更大，妊娠期间，母体内的酶系统会发生某些变化，影响一些药物在体内的代谢过程，使其不易解毒或不易排泄，因而准妈妈比常人更易出现蓄积性中毒，对母体和胎儿都有害，特别是对娇嫩的胎儿危害更大。当然，也不是对孕期服用滋补药品一律排斥，经过医生检查确实需要服用滋补药品的准妈妈，应该在医生的指导下正确合理地服用。

忌

♥ 孕4月准妈妈所需的关键营养素

锌

充足的锌可以维持胎儿脑部组织的发育，更有助宝宝出生后其后天记忆力的养成。锌对人体而言是必需的矿物质营养素，由于体内没有储存锌的机制，因此最好每日都要通过饮食适量摄取，才能避免缺乏锌导致的问题。锌参与人体生长与发育，能维持免疫功能及食欲、味觉等，缺乏时这些功能都会造成损伤，因此可说，锌对健康的影响相当广泛。准妈妈若锌摄取不足，轻者罹患感冒、支气管炎或肺炎等呼吸道疾病，重者甚至影响子宫收缩，分娩时由于子宫收缩无力，进而可演变成难产。对于胎儿来说，锌也是非常重要的存在，缺乏时，轻者容易导致记忆力不好、智力低下，重者导致大脑发育受损，一生深受此影响，若是顺利出生，还可能引发中枢神经系统受损，甚至导致先天性心脏病或多发性骨畸形等多种无法挽回的先天缺陷。若是摄取超量的锌，母体极可能出现腹泻、痉挛等状况，也会损伤胎儿的脑部发育及脑神经的建构，不利于其整体发展。含锌量较高的食物有瘦肉、猪肝、鱼类、蛋黄等，其中以牡蛎含锌量为最高。各种植物性食物中含锌量比较高的有豆类、花生、小米、萝卜、大白菜等。

水分

在整个孕期，准妈妈每天都会通过尿液、皮肤蒸发、呼吸、粪便排出大量水分。如果缺水，就可能会导致体内的代谢失调，甚至代谢紊乱，因而引起疾病，不利于宝宝的健康。

♥ 孕4月准妈妈明星食材清单

蛤蜊

鲤鱼

鱿鱼

牡蛎

海参

蚕豆

墨鱼

包菜

黑芝麻

虾

芝麻包菜

材料： 包菜200克，黑芝麻5克

调料： 盐1克，食用油10毫升

做法：

1. 热锅，用小火干煸黑芝麻，炒出香味后盛出备用。

2. 包菜剥开菜叶洗净，切成粗丝。

3. 取炒锅，倒入油烧热。

4. 放入包菜，大火快炒至熟透发软、菜梗部分呈现透明状，再加盐调味。

5. 最后撒上干煸过的黑芝麻拌匀即可。

幸"孕"小语

包菜的水分含量高（约90%），而热量低，含有丰富的维生素和叶酸，适合准妈妈补充营养。

黑芝麻猪蹄汤

材料：

猪蹄420克，黑芝麻10克

调料：

盐3克，芝麻油5毫升，米酒
5毫升

做法：

1. 黑芝麻用水洗净，放入锅
   中炒出香味后，研成末。

2. 猪蹄去毛，洗净、切块，
   放入滚水中氽烫。

3. 热水锅，大火煮沸后将猪
   蹄放入，转中火。

4. 再次煮沸后，转小火放入
   米酒续煮1小时。

5. 将黑芝麻末、盐和芝麻油
   倒入汤中，拌匀即可。

幸"孕"小语　食用这款汤，准妈妈可以补充锌和多
种脂肪酸。

糖醋鱼片

材料： 鲤鱼550克，鸡蛋1个，葱丝少许

调料： 番茄酱、盐、白糖、白醋、生粉、水淀粉、食用油各适量

做法：

1. 将处理干净的鲤鱼切开，取鱼肉，用斜刀切片。

2. 把鸡蛋打入碗中，加入生粉、盐、清水、鱼片，拌匀，使肉片均匀地滚上蛋糊，腌渍一会儿。

3. 热锅注油，放入腌好的鱼片，搅匀，炸一会，至食材熟透，捞出，沥干油。

4. 锅中注入清水烧热，加入盐、白糖、白醋、番茄酱、水淀粉，调成稠汁；取一个盘子，盛入炸熟的鱼片，再浇上锅中的稠汁，点缀上葱丝即成。

孕事小语 食用鲤鱼可为准妈妈补充蛋白质、维生素A、钾、镁、锌、硒。

虾仁海参

材料：

干虾仁15克，干海参150克，葱段10克，姜片3片

调料：

米酒5毫升，盐2克，水淀粉5毫升，食用油5毫升，芝麻油5毫升，蚝油15克

做法：

1. 将海参泡发后，剖肚挖去内肠，刮净肚内和表面杂质，洗净、切斜刀，再氽烫，备用。

2. 虾仁洗净，挑去肠泥。

3. 热油锅，放入姜片、葱段炒香，再下虾仁，加入米酒、蚝油、盐，炒匀后加入适量清水。

4. 待汤汁煮沸，放入海参，用水淀粉勾芡，煨煮成浓汤后，加入芝麻油即可。

 幸"孕"小语　食用这道菜，准妈妈可以补充丰富的微量元素和氨基酸。

100

凉拌海蜇皮

材料：

海蜇皮150克，黄瓜丝200克，熟鸡肉丝25克，熟火腿丝10克，红椒丝10克，青椒丝10克，蒜末20克

调料：

醋20毫升，盐2克，酱油30毫升，白糖20克

做法：

1. 海蜇皮洗净、切粗条，用水浸泡20分钟，放入温水中烫30秒，再放入冰水中冷却，捞出。

2. 将蒜末、醋、盐、酱油、白糖调成汁。

3. 将海蜇皮、黄瓜丝、熟鸡肉丝、熟火腿丝、红椒丝、青椒丝一起放入碗中，淋上调味汁，拌匀即可食用。

幸"孕"小语

海蜇可为准妈妈补充蛋白质、碳水化合物、钙、碘以及多种维生素。

糖醋鱿鱼

材料： 鱿鱼100克，姜3片，蒜泥3克，白芝麻5克，葱花3克

调料： 白糖10克，米酒5毫升，盐2克，番茄酱15克，酱油15毫升，白醋20毫升，米酒5毫升，芝麻油5毫升，柠檬汁20毫升

做法：

1. 鱿鱼洗净，切成圈状，备用。

2. 将鱿鱼、姜片放入内锅中，加水淹过食材，再放入米酒、盐。

3. 将内锅放到电饭锅中，外锅倒入100毫升水，按下开关，蒸至开关跳起，捞出鱿鱼，沥干摆盘，撒上葱花。

4. 将蒜泥、白芝麻与剩余的所有调味料拌匀成酱汁，食用时蘸上酱汁即可。

 鱿鱼是一种富含蛋白质、钙、磷、铁、钾等，并含有十分丰富的诸如硒、碘、锰、铜等微量元素的食物。

芥末海鲜

材料：

虾仁50克，海螺2颗，鱿鱼1条，包菜4片，胡萝卜20克，小黄瓜20克，木耳20克

调料：

黄芥末酱30克，白醋15毫升，白糖10克，盐2克，芝麻油5毫升，胡椒粉5克

做法：

1. 海螺切成薄片备用；鱿鱼洗净后去膜、切片；小黄瓜、胡萝卜、包菜和木耳洗净、切条，入沸水锅中烫熟。

2. 将所有调味料混合，拌匀成芥末酱汁。

3. 另取一锅，将海鲜食材烫熟后与蔬菜食材、芥末酱汁拌匀即可。

 食用这道菜，准妈妈可以补充丰富的维生素和矿物质。

103

腐竹蛤蜊汤

材料：豆腐皮150克，蛤蜊300克，高汤500毫升，芹菜10克

调料：盐2克，芝麻油5毫升

做法：

1. 将蛤蜊放入淡盐水中浸泡，使其吐沙，再用清水洗净，沥干水分。

2. 豆腐皮洗净，用清水泡软，沥去水分，切成小段。

3. 芹菜择去叶片，洗净后切成细末。

4. 锅中加高汤烧沸，放入豆腐皮段煮沸，再放入蛤蜊煮至壳开；加入盐、芝麻油及芹菜末煮至入味即可。

饮用这款汤，准妈妈可以补充丰富的锌、镁、钙及维生素E。

海鲜炒饭

材料：

白饭200克，鸡蛋1个，墨鱼40克，虾仁40克，干贝15克，葱末10克

调料：

生粉15克，盐2克，食用油适量

做法：

1. 墨鱼、干贝及虾仁洗净，墨鱼刻花、切片。
2. 将墨鱼、干贝、虾仁和生粉放入碗中，腌渍片刻。
3. 热油锅，将打好的蛋液煎成蛋皮，再将蛋皮切丝。
4. 使用原锅，放入所有食材炒匀即可。

幸"孕"小语　准妈妈应该多吃海产品以补充妊娠期人体所需的碘、锌等多种微量元素。

牡蛎米线

材料： 牡蛎300克，白面线1把，蒜头2瓣，葱1根

调料： 生粉10克，食用油5毫升，酱油膏30克，芝麻油5毫升，胡椒粉5克，白糖5克

做法：

1.葱洗净，切段；蒜头洗净后去皮、切末；面线氽烫后备用。

2.洗净牡蛎，均匀裹上生粉，放入滚水中，用小火熬煮至浮起便可捞起备用。

3.起油锅，将蒜末、葱段爆香，加入500毫升煮牡蛎的水，放入面线与牡蛎。

4.加入酱油膏调色，再撒上芝麻油、胡椒粉、白糖拌匀即可起锅。

牡蛎富含蛋白质、锌、Ω-3脂肪酸及酪氨酸，胆固醇含量低，其中锌含量极高。

什锦海鲜面

材料：细面50克，鱿鱼半条，香菇2朵，虾仁50克，瘦肉15克，葱段10克

调料：食用油10毫升，胡椒粉5克，米酒20毫升，芝麻油5毫升，盐适量

做法：

1. 面条加5克盐汆烫；香菇切粗丝，蒂头切斜刀；鱿鱼切粗圈；瘦肉切片。

2. 起油锅，放入葱段爆香，再放入香菇、瘦肉片、虾仁、鱿鱼拌炒3分钟。

3. 放米酒炝锅，加面条、盐与水熬煮。

4. 最后撒上胡椒粉、芝麻油即可。

蚕豆黄豆豆浆

材料：水发黄豆60克，水发蚕豆80克

调料：白糖15克

做法：

1. 把洗净的蚕豆、黄豆倒入豆浆机中，注入适量清水，至水位线即可。

2. 盖上豆浆机机头，选择"五谷"程序，再选择"开始"键，开始打浆。

3. 待豆浆机运转约15分钟，即成豆浆。

4. 将豆浆机断电，取下机头，将豆浆盛入碗中，加入白糖，搅拌片刻至白糖溶化即可。

♥ 妈妈的身体变化

◆ 体重：准妈妈最少增加了2千克体重，有些也许会增加了5千克。

◆ 子宫：此时可测得子宫宫底高度在耻骨联合上缘的15~18厘米处。胎宝宝19周的时候，准妈妈的子宫底每周会升高1厘米。

◆ 乳房：乳房比以前膨胀得更为显著，有些准妈妈还能挤出透明、黏稠，颜色像水又微白的液体。臀部也因脂肪的增多而显得浑圆，从外形上开始显现出较从前丰满的样子。

◆ 尿频、尿急：这个月子宫在腹腔内慢慢增大，对膀胱的刺激症状随之减轻，所以尿频现象基本消失。

◆ 妊娠反应：早孕反应消失，准妈妈身体和心情舒爽多了。

♥ 宝宝的身体变化

◆ 胎长：18~25厘米。

◆ 胎重：160~300克。

◆ 四肢：手指、脚趾长出指甲，并呈现出隆起现象。胎宝宝还会用口舔尝、吸吮拇指，那样子就像在品味手指的味道。

◆ 器官：胎儿的头占全身长的三分之一，耳朵的入口张开；牙床开始形成；头发、眉毛齐备。皮下脂肪开始沉积，皮肤变成半透明样，皮下血管仍清晰可见；骨骼和肌肉越来越结实。生殖器已清晰可见。听力形成。开始能够吞咽羊水。肾脏已经能够制造尿液，感觉器官开始按照区域迅速地发展。

◆ 胎动：胎宝宝运动量不是很大，动作也不激烈，胎动的位置比较靠近肚脐眼。

♥ 孕5月准妈妈的饮食宜忌

细嚼慢咽

　　细嚼慢咽可以增加准妈妈唾液的分泌量，有助于对食物的消化和营养成分的吸收。准妈妈狼吞虎咽地进食会使食物不经过咀嚼进入胃肠道，而将食物的大分子结构变成小分子结构才有利于人体消化吸收。如果吃得过快、食物咀嚼得不精细，从而降低了食物的营养价值，对准妈妈和胎儿没有好处。

食用解郁食物

　　孕妇怀孕后很容易莫名地生气，生气之后，便会感到身体不舒适，胸闷腹胀，吃不下饭，睡不好觉，这时准妈妈除了要保持乐观的情绪，还要适量吃解郁顺气的食物，如莲藕、萝卜、山楂、茴香等。

适当饮用孕妇奶粉

　　孕妇奶粉是低乳糖孕妇配方奶粉，富含叶酸、唾液酸、亚麻酸、亚油酸、铁质、锌质、钙质和维生素B_{12}等营养素，含多种维生素和矿物质，可以提供孕妇及胎儿所需的营养素。孕中期胎儿的生长速度逐渐加快，胎儿的骨骼开始钙化，脑发育也处于高峰期。此时，准妈妈可以适当饮用孕妇奶粉，以补充充足的营养供宝宝需求，但每次食用量要适度，不能盲目地吃得过多而造成营养过剩。

多吃火锅

生肉、生鱼、生菜边涮边吃，是吃火锅的特色，但这些生的食物均易被致病微生物和寄生虫卵所污染，所以吃时必须在煮沸的汤中煮熟煮透。准妈妈应少食火锅，如果食用火锅，熟食应该与

未煮熟的食物分别用不同的碟子装，用不同的筷子夹，这样才能防止或减少消化道炎症和肠道寄生虫病的发生。另外，火锅中的肉类容易感染弓形虫。人们吃火锅时往往只把肉片稍烫，这种短时间的加热并不能完全杀死病菌，尤其是寄生在肉片细胞内的弓形虫幼虫。准妈妈一旦食用这种感染弓形虫的肉片时，虽无明显不适或仅有类似感冒的症状，但幼虫却可通过胎盘传染给胎宝宝，从而影响胎宝宝的大脑发育，甚至导致畸形、流产、死胎等。

喝长时间熬煮的骨头汤

怀孕期间，有不少准妈妈为了滋补身体，也为了给胎宝宝发育补充足够的钙，常喝骨头汤，而且认为熬汤的时间越长越好，不但味道好，滋补身体也更有效。其实这种做法是错误的。动物骨骼中所含的钙元素是不易分解的，无论多高的温度，也不能将骨骼内的钙元素溶

化，反而会破坏骨头中的蛋白质。肉类脂肪含量高，而骨头上总会带点儿肉，熬的时间越长，熬出的汤中脂肪含量也会很高。因此，熬骨头汤的时间过长不但无益，反而有害。熬骨头汤的正确方法是用压力锅熬至骨头酥软即可。这样，熬的时间不太长，汤中的维生素等营养成分损失也会不大，骨髓中所含磷等矿物质也可以被人体吸收。

♥ 孕5月准妈妈所需的关键营养素

钙

　　孕5月，准妈妈应该补充足够的钙，才能完整提供胎儿此时期所需营养。妊娠进入第5个月，胎儿的骨骼与牙齿开始快速生长，此时需要大量的钙，因此要从准妈妈身上摄取更多的钙来供给生长所需。妊娠时期准妈妈如未摄取足够的钙会导致四肢无力、腰酸背痛、肌肉痉挛、小腿抽筋、手足抽搐及麻木等不适症状，严重者甚至可能造成骨质疏松、软化及妊娠期高血压综合征等疾病。虽然钙对胎儿非常重要，但过量或缺乏都不是件好事。胎儿摄取钙过量，不利于铁、锌、镁、磷等营养素的吸收，也可能因为胎盘提前老化而发育不良，甚至因为颅缝过早闭合而演变成难产；钙摄取缺乏，则可能导致骨质软化症、颅骨软化、骨缝过宽等异常现象。因为人体对钙质的吸收率很低，一般情况下只有20%，如果跟牛肉、猪肉等富含动物性蛋白质的食品一起食用，就能大幅提高钙质的吸收率。

维生素D

　　当人体缺乏维生素D时，钙的吸收率也会降低，所以尽量避免食用加工食品或微波食品，最好也不要饮用红茶、咖啡等。准妈妈可进行户外活动，只要人体接受足够的日光，体内就可以合成足够的维生素D。除强化食品外，通常天然食物中维生素D的含量较低，动物性食品是非强化食品中天然维生素D的主要来源，如含脂肪高的海鱼和鱼卵、动物肝脏、蛋黄、奶油和奶酪中相对较多，而瘦肉、奶、坚果中含微量的维生素D。

　　维生素D与钙的关系十分微妙，前者有助于后者吸收。

♥ 孕5月准妈妈明星食材清单

山楂

鲈鱼

花菜

鹌鹑蛋

杏鲍菇

鲳鱼

紫菜

苹果

火腿

西红柿沙拉

材料： 西红柿200克，苹果50克，核桃仁15克

调料： 蛋黄酱30克，柳橙汁20毫升，蜂蜜10克

做法：

1. 西红柿洗净后，于1/3的部位横切，用汤匙沿着表皮将果肉挖出后切成丁。

2. 苹果与核桃仁切小丁，和西红柿丁一起用蛋黄酱拌匀，塞入西红柿盅中。

3. 加热柳橙汁和蜂蜜，淋在盅上即可。

花菜彩蔬小炒

材料： 花菜120克，胡萝卜末5克，玉米粒10克，青椒丁10克，红椒丁10克

调料： 盐1克，水淀粉5毫升，食用油适量

做法：

1. 花菜洗净后，取小朵；所有蔬菜焯烫、沥干后摆盘。

2. 起油锅，下胡萝卜末、玉米粒，接着加入盐，用大火翻炒，放入青椒丁、红椒丁，翻炒后起锅。

3. 水淀粉淋花菜围边，放入彩蔬即可。

三杯杏鲍菇

材料：

杏鲍菇370克，罗勒20克，蒜头10克，姜片10克

调料：

芝麻油、酱油各15毫升，白糖20克，米酒5毫升，白胡椒粉5克，食用油适量

做法：

1. 杏鲍菇切滚刀块；蒜头、罗勒挑拣洗净，沥干。

2. 热油锅，炸杏鲍菇，捞起沥油备用。

3. 砂锅中下芝麻油及少许食用油，用小火加热，放入蒜头、姜片爆香。

4. 加酱油、白胡椒粉、白糖、杏鲍菇，转大火搅拌均匀，再加入罗勒，盖上锅盖，焖一会，从锅缘下米酒，揭盖起锅即可。

幸"孕"小语　杏鲍菇富含蛋白质、糖类、维生素及钙、镁、铜、锌等矿物质，可以提高准妈妈的免疫功能。

紫菜蛋卷

材料：猪绞肉100克，鸡蛋3个，韭菜20克，紫菜1张，葱末10克，姜末10克

调料：盐2克，米酒5毫升，芝麻油5毫升，胡椒粉5克，食用油适量

做法：

1. 韭菜洗净，切末。

2. 猪绞肉放入盆内，放入1克盐、米酒、芝麻油、胡椒粉、韭菜末、葱末、姜末和蛋液（1个鸡蛋），搅匀备用。

3. 取2个鸡蛋打散，放入1克盐，倒入油锅中煎成完整的鸡蛋皮。

4. 将猪肉韭菜馅放在蛋皮上抹平，上面再放1张紫菜，卷起制成蛋卷。

5. 紫菜蛋卷放入盘中，入蒸锅隔水蒸10分钟至熟透，取出后切片即可。

幸"孕"小语

紫菜富含胆碱和钙、铁，能治疗准妈妈贫血，促进胎宝宝骨骼生长；含有的甘露醇，可治疗水肿。

紫菜蛋花汤

材料： 鸡蛋1个，虾皮5克，紫菜1/2张

调料： 盐2克，芝麻油5毫升

做法：

1. 将紫菜撕成片；鸡蛋打散成蛋液。

2. 取汤锅，注入清水烧热，放入紫菜、盐、虾皮，用筷子拌开，再次煮滚。

3. 将蛋液倒入，煮成蛋花。

4. 出锅前，淋上芝麻油即可。

南瓜紫菜蛋花汤

材料： 南瓜100克，紫菜3克，鸡蛋1个，葱花10克

调料： 食用油5毫升，盐2克

做法：

1. 南瓜洗净，去皮切片。

2. 紫菜泡发后，洗净备用。

3. 鸡蛋打入碗内，搅打成蛋液。

4. 起油锅，下葱花，放入南瓜和清水。

5. 煮到南瓜熟透后，放入盐和紫菜，用筷子搅开后，续煮10分钟。

6. 最后倒入蛋液煮成蛋花即可。

茄汁鹌鹑蛋

材料： 熟鹌鹑蛋20个，豌豆40克，姜末10克，蒜末10克，葱花10克

调料： 白糖2克，胡椒粉5克，水淀粉5毫升，番茄酱15克，食用油5毫升

做法：

1. 将白糖、胡椒粉、适量清水以及番茄酱混合，搅拌均匀成酱汁，备用。

2. 油锅烧热，将鹌鹑蛋放入，炸至金黄色、蛋白起小泡，捞起沥油。

3. 另起油锅，放入姜末、葱花、蒜末，炒出香味，再放入豌豆、酱汁、鹌鹑蛋，用水淀粉勾芡即可。

幸"孕"小语

鹌鹑蛋含有丰富的蛋白质、脑磷脂、卵磷脂、赖氨酸、胱氨酸、维生素B_2、维生素B_1、铁、磷、钙等成分。

西蓝花鹌鹑蛋汤

材料： 西蓝花60克，熟鹌鹑蛋10个，鲜香菇3朵，培根2片

调料： 盐2克

做法：

1. 西蓝花除去外围粗纤维后，切小朵，洗净并氽烫；鲜香菇去蒂后，洗净；培根切成丁。

2. 将鲜香菇、培根丁放入锅中后，加入适量清水，用大火煮沸。

3. 放入熟鹌鹑蛋和西蓝花，煮至西蓝花熟后，加入盐调味即可。

山楂烧鱼片

材料： 鲷鱼肉片150克，山楂片、洋葱各20克，蛋黄1个，姜片2片，面粉5克

调料： 料酒、食用油、盐、辣酱各适量

做法：

1. 将山楂片敲碎；洋葱洗净，切块。

2. 将鲷鱼片洗净，斜刀切块，加料酒、盐、蛋黄、面粉，腌渍15分钟。

3. 热油锅，将鱼片炸至金黄色，捞起。

4. 爆香姜片，放山楂片和少量水，使其溶化，加辣酱、鱼片和洋葱，放入少量水，煨煮一下，等酱汁收干即可。

红烧鲈鱼片

材料： 鲈鱼1条，葱末10克，姜丝10克

调料： 盐2克，米酒5毫升，酱油15毫升，白糖2克，生粉15克，食用油适量，水淀粉适量

做法：

1. 鲈鱼处理干净后，去头、取鱼肉，切斜刀片，再用盐、米酒、生粉腌渍备用。

2. 将鱼块炸至金黄色，捞出沥油。

3. 另起油锅，放入葱末、姜丝爆香，再倒入酱油、水和白糖，再用水淀粉勾芡。

4. 倒入炸好的鱼块炒匀，大火煮沸后改小火，待酱汁收干，盛盘即可。

幸"孕"小语

鲈鱼可治胎动不安，对准妈妈来说是一种既补身，又不会造成营养过剩而导致肥胖的营养食物。

木耳鲳鱼

材料： 鲳鱼300克，木耳30克，红辣椒丝5克，姜丝10克，蒜片10克，葱丝5克

调料： 盐2克，芝麻油5毫升，酱油10毫升，米酒5毫升

做法：

1. 将鲳鱼正反面划上花纹，抹上米酒腌2分钟；木耳洗净，去蒂后切丝备用。

2. 将鲳鱼、姜丝、蒜片、酱油、红辣椒丝、盐、木耳丝一同摆进大碗中，放入蒸锅蒸20分钟，再淋上芝麻油、撒上葱丝即可。

秋葵炒虾仁

材料： 秋葵130克，白虾150克，姜2片，蒜末10克

调料： 鲣鱼酱油15毫升，盐2克，食用油适量

做法：

1. 秋葵洗净，去蒂头，切小段；白虾去肠泥及壳，洗净后剖背。

2. 热油锅，放入虾仁煎炒，盛起备用。

3. 原锅直接爆香姜片、蒜末，放入虾仁和秋葵，加盐和鲣鱼酱油调味，拌炒均匀即完成。

火腿贝壳面

材料： 贝壳面1份，鲜奶150毫升，面粉、无盐奶油各70克，玉米、火腿丁、洋葱末各30克，鲜奶油40克

调料： 黑胡椒5克，橄榄油适量，盐2克

做法：

1. 热锅后小火烧化无盐奶油，分2次倒入面粉，拌炒至黏糊状，加入鲜奶、盐，冒泡后关火，再加入鲜奶油搅拌至溶化；贝壳面加盐汆烫备用。

2. 起油锅，爆香洋葱、火腿丁和玉米。

3. 加面及盐拌炒，撒上黑胡椒即可。

苹果猕猴桃蜂蜜汁

材料： 苹果130克，猕猴桃70克

调料： 蜂蜜10克

做法：

1. 洗好的苹果切瓣，去皮去核，切块。

2. 去皮洗净的猕猴桃切开，切块。

3. 榨汁机中倒入苹果和猕猴桃，注入100毫升凉开水，榨约20秒成果汁。

4. 加入蜂蜜，拌匀一会儿，将榨好的果汁倒入杯中即可。

♥ 妈妈的身体变化

孕6月，准妈妈的身体变化更加明显，表现出准妈妈特有的状态。

◆体重：这时的准妈妈身体越来越重，大约以每周250克的速度在迅速增长。

◆子宫：子宫进一步增大，子宫底已高达腹部位置，准妈妈自己已经能准确地判断出增大的子宫。

◆乳房：乳房越发变大，乳腺功能发达，挤压乳房时会流出一些黏性很强的黄色稀薄乳汁，内衣也因此容易被污染。

◆体型变化：腰部开始明显增粗，由于子宫增大和加重而使脊椎骨向后仰，身体重心向前移，由此出现准妈妈特有的状态。由于身体对这种变化还不太习惯，所以很容易倾倒，腰部和背部也由于对身体的这种变化不习惯而特别容易疲劳，准妈妈在坐下或站起时常感到有些吃力。

♥ 宝宝的身体变化

宝宝在妈妈的子宫中占据了相当大的空间，身体的比例开始匀称。这时候的宝宝皮肤薄而且有很多的小皱纹，浑身覆盖了细小的绒毛。

◆胎长：25~28厘米。

◆胎重：300~800克。

◆四肢：胎儿在子宫羊水中游泳并会用脚踢子宫，羊水因此而发生震荡。手指和脚趾也开始长出指（趾）甲。

♥ 孕6月准妈妈的饮食宜忌

多食用含膳食纤维的食物

缺乏膳食纤维，会使准妈妈发生便秘，且不利于肠道排出食物中的油脂，间接使身体吸收过多热量，使准妈妈超重，容易引发妊娠期糖尿病和妊娠期高血压疾病，所以准妈妈应多食含膳食纤维的食物。

多吃坚果补充脂肪酸

必需脂肪酸是细胞膜及中枢神经系统髓鞘化的物质基础，孕中期胎儿机体和大脑发育速度加快，对脂质及必需脂肪酸的需要增加，必须及时补充。准妈妈应适当多吃花生仁、核桃、板栗、杏仁等含蛋白质、油脂、矿物质、维生素较高的坚果，对人体生长发育、增强体质、预防疾病有极好的功效。

多喝粥

由于孕中期子宫逐渐增大，常会压迫胃部，使餐后出现饱胀感，因此每日的膳食可分4~5次，但每次食量要适当，而且饮食应清淡、入口好消化的食物。这个时期的准妈妈可以多喝不同种类的粥，既补充身体所需的营养，又不会造成胃部压力。

多吃防治黄褐斑的食物

研究表明，黄褐斑的形成与孕期饮食关系密切。准妈妈可多食用西红柿、猕猴桃、柠檬、牛奶、玉米等以减少黄褐斑的形成。

123

长期摄取高糖饮食

研究发现，血糖偏高的准妈妈生出体重过高胎儿的可能性、胎儿先天畸形的发生率分别是血糖偏低准妈妈的3倍和7倍。准妈妈在妊娠期间肾的排泄功能根据个体情况有不同程度的降低，血糖过高会加重肾脏的负担，不利于孕期保健。

吃油炸食品

无论是逢年过节的炸麻花、炸春卷、炸丸子，还是每天早餐所食用的油条、油饼，洋快餐中的炸薯条、炸面包、炸鸡翅以及零食里的炸薯片、油炸饼干等，无一不是油炸食品。油炸食品经过高温烹饪会使其中的营养素严重损失；而且其含水量少，偏硬，不易咀嚼，导致准妈妈消化不良；油炸食品所用的油均是反复使用，甚至发黑变质，会产生对身体有害的物质。所以准妈妈要忌食油炸食品，否则对胎儿不利。

吃加工食品

加工食品含有较多的食品添加剂，不利于准妈妈的身体健康，比如黄桃罐头、沙丁鱼罐头等罐头食品中含有的添加剂，是导致畸胎和流产的危险因素。

吃容易被污染的食物

食物从其原料生产、加工、包装、运输、储存、销售至食用前的整个过程中，都有可能不同程度地受到农药、金属、霉菌毒素以及放射性核素等有害物质的污染，如久存的土豆和生鸡蛋等。如果准妈妈食用这些容易被污染的食物，很容易导致胎儿先天畸形。

用饮料代替白开水

白开水是补充人体液体的最好物质，它最有利于人体吸收，又极少有不良反应。而各种果汁、饮料都含有较多的糖、添加剂及大量的电解质，这些物质能较长时间在身体里停留，会对胃产生不良刺激，直接影响准妈妈的消化和食欲。

♥ 孕6月准妈妈所需的关键营养素

铁

铁元素是构成人体必不可少的元素之一。成人体内约有4~5克铁，其中72%以血红蛋白、35%以肌红蛋白、0.2%以其他化合物形式存在，其余为储备铁。储备铁约占25%，主要以铁蛋白

的形式储存在肝、脾和骨髓中。准妈妈多吃富含铁的食物可以防止出现孕妇贫血的症状，因为准妈妈在怀孕期间身体会更有效而快速地吸收铁，所以要从日常饮食中摄取和补充足够的铁元素。食物中含铁丰富的有动物肝脏、瘦肉、蛋黄、鸡、鱼；绿叶蔬菜中含铁较多的有菠菜、油菜、苋菜等；水果中以杏、桃、大枣、樱桃等含铁较多。

糖类

糖类为人体重要的营养素，主要分成四大类——单糖、双糖、低聚糖和多糖，它们在生活上扮演着很重要的角色。糖类的众多衍生物同时也与免疫系统、预防疾病、血液凝固和生长等有极大的关联。日常食用的蔗糖、粮食中的淀粉、植物体中的纤维素等均属于糖类。糖类在生命活动过程中起着重要的作用，是一切生命体维持生命活动所需能量的主要来源。糖类的作用是维持准妈妈的血糖平衡。作为宝宝能量的主要来源，糖类也是宝宝新陈代谢的主要营养素，所以准妈妈在孕期需要保证摄入足够的糖类。糖类的主要食物来源有蔗糖、谷物（如水稻、小麦、玉米、大麦、燕麦、高粱等）、水果（如甘蔗、甜瓜、西瓜、香蕉、葡萄等）、坚果、蔬菜（如胡萝卜、红薯等）等。

孕6月准妈妈明星食材清单

花生

香菇

鸡肉

腰果

茄子

紫米

木耳

猪肉

西红柿

西芹

清蒸茄段

材料： 茄子1个，蒜泥10克

调料： 食用油5毫升，白醋10毫升，酱油10毫升

做法：

1. 茄子去蒂，洗净后对剖，切成长段。

2. 碗中放入食用油、蒜泥、白醋、酱油，搅拌均匀成酱汁备用。

3. 将茄子放入盘中，再放入锅中蒸熟。

4. 取出蒸熟的茄子，淋上酱汁即可。

鱼香茄子

材料： 茄子300克，青椒丝50克，蒜泥10克，葱段5克，红椒丝5克

调料： 豆瓣酱15克，酱油、水淀粉各10毫升，芝麻油、料酒、食用油各5毫升

做法：

1. 茄子洗净后，切滚刀块，放入热油锅中炸软，沥干油备用。

2. 起油锅，放入葱段、青椒丝、红椒丝、蒜泥炒，放入豆瓣酱煸出油。

3. 再放入茄子及料酒、酱油、芝麻油炒至上色，最后放入水淀粉勾芡即可。

腰果木耳西芹

材料：

木耳50克，竹笋50克，西芹50克，腰果25克，姜15克

调料：

盐2克，芝麻油5毫升，食用油5毫升

做法：

1. 木耳、竹笋洗净，切片；西芹洗净，切斜刀；姜洗净，切片。
2. 起油锅，放入姜片爆香，以提升整道菜的香气。
3. 加入木耳、笋片及西芹拌炒均匀，待木耳呈现熟烂状态，加入腰果一起拌炒至香味传出。
4. 最后加入盐及芝麻油，搅拌均匀即可。

幸孕小语

西芹中富含蛋白质、碳水化合物、矿物质及多种维生素等营养物质，还含有芹菜油，含铁量极高。

芥蓝腰果炒香菇

材料： 芥蓝180克，熟腰果40克，香菇7朵，红椒15克，黄椒15克

调料： 盐2克，白糖5克，食用油适量

做法：

1. 芥蓝去除底部较硬的地方，茎切斜刀，叶切成3厘米长度；红椒、黄椒洗净后，去蒂头、去籽、切丝；香菇切下蒂头后切片，而蒂头部分切斜刀。

2. 起油锅，放入香菇炒香，待香味传出后，放入芥蓝一起拌炒；加少许水，炒至芥蓝熟透，再下盐与白糖，需来回拌炒，使调味均匀。

3. 最后放入红椒、黄椒及腰果，略微拌炒即可起锅。

幸"孕"小语

芥蓝含有纤维素和糖类，其有机碱带有一定的苦味，能刺激味觉神经，增进食欲，加快胃肠蠕动，有助消化。

茄子猪肉

材料：

茄子200克，猪肉60克，葱
15克

调料：

酱油5毫升，米酒10毫升，
生粉5克，白糖5克，食用油
5毫升

做法：

1. 猪肉切片，放入酱油、生
   粉和5毫升米酒，腌渍20
   分钟。
2. 茄子洗净，切长条状；将5
   毫升米酒、白糖、适量水
   调匀成酱汁。
3. 热油锅，放入所有食材炒
   熟，最后下酱汁，翻炒入
   味即可。

 茄子的营养丰富，含有蛋白质、脂
肪、碳水化合物、维生素以及钙、
磷、铁等多种营养成分。

香菇扣肉

材料：

猪肉片140克，香菇4朵，鸡蛋2个

调料：

食用油5毫升，酱油5毫升，米酒5毫升

做法：

1. 香菇洗净、泡开，对半切片，排入碗中。

2. 水煮鸡蛋，剥壳，用酱油、米酒浸泡一会，下油锅炸后取出，切成数瓣，放入排好香菇片的碗中。

3. 猪肉片洗净，放入碗里。

4. 将装食材的碗放入蒸锅中，蒸10分钟，取出碗后将食材倒扣在盘中。

5. 起油锅，放入蒸好食材的汤汁、香菇水，煮开后，将酱汁淋在食材上即可。

香菇富含维生素B族、铁、钾、维生素D原（经日晒后转为维生素D）。

花生猪蹄汤

材料：猪蹄3小块，花生仁60克，香菇5朵，生姜10克

调料：盐3克，米酒10毫升，胡椒粉10克

做法：

1. 花生仁放入温水泡1小时，至泡透；香菇洗净，浸泡备用；生姜切片。

2. 煮一锅滚水，将猪蹄放入汆烫去血水后，捞起备用。

3. 取一汤锅，放入全部食材，加入米酒、胡椒粉和足以淹过食材的清水，用小火炖煮30分钟。

4. 起锅前，加入盐调味即可。

幸"孕"小语 花生含维生素B₆、维生素E、维生素K，以及钙、磷、铁等和人体所需氨基酸及不饱和脂肪酸、卵磷脂等。

山药鸡肉煲汤

材料： 鸡块165克，山药100克，川芎、当归、枸杞各少许

调料： 盐2克

做法：

1. 将洗净去皮的山药切滚刀块。

2. 锅中注入清水烧开，放入洗净的鸡块，搅散，汆一会儿，去除血水，再捞出汆好的鸡块，沥干水分。

3. 砂锅中注入清水烧开，放入鸡块、川芎、当归、山药块，搅匀，撒上枸杞，煲煮约45分钟，至食材熟透。

4. 加入盐，搅匀，续煮一小会儿，盛出鸡汤，装在碗中即可。

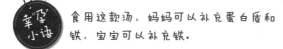

食用这款汤，妈妈可以补充蛋白质和铁，宝宝可以补充铁。

红薯紫米粥

材料： 水发紫米50克，水发大米100克，红薯100克

调料： 白糖15克

做法：

1. 砂锅中注入适量清水烧开，倒入水发紫米、水发大米。

2. 放入处理好的红薯，拌匀。

3. 加盖，大火煮开转小火煮40分钟至食材熟软。

4. 揭盖，加入白糖，拌匀调味，盛出煮好的粥，装入碗中即可。

木耳粥

材料： 木耳20克，白米粥150克，红枣3个

调料： 冰糖10克

做法：

1. 木耳放入清水中浸泡4小时，泡发后去蒂、洗净，撕成小片备用。

2. 红枣洗净、去核，和白米粥、适量清水一起放入锅中，用大火熬煮。

3. 煮沸后，加入木耳和冰糖，煮至冰糖溶化即可关火。

香芋紫米排骨粥

材料： 芋头100克，排骨100克，葱花30克，紫米80克，姜2片

调料： 盐2克，胡椒粉5克，芝麻油10毫升，米酒10毫升

做法：

1. 紫米浸泡数小时；排骨切小段，用米酒、盐均匀抓腌；芋头切丁。

2. 起一锅水，加入紫米熬煮至沸腾，再放入芋头丁、姜片一起熬煮。

3. 排骨用米酒和盐抓腌后，另起锅热水，放入排骨汆烫去血水，再捞起放进做法 2的锅中一起熬煮。

4. 待芋头熟软后，撒上盐及胡椒粉搅拌均匀，最后撒上葱花及芝麻油即可。

孕"孕"小语

紫米含有赖氨酸、色氨酸、维生素 B₁、维生素B₂、叶酸、蛋白质、脂肪 以及铁、锌、钙、磷等成分。

黑胡椒蘑菇面

材料：

洋葱75克，蘑菇10朵，蒜末15克，乌龙面1份

调料：

食用油10毫升，黑胡椒15克，蚝油15克，番茄酱20克，白糖10克

做法：

1. 洋葱一半切丝，另一半切末；蘑菇切片。

2. 起油锅，放入蒜末、洋葱末，中火爆香，再加入蘑菇拌炒。

3. 放入黑胡椒、蚝油、番茄酱、白糖及适量水，拌炒均匀。

4. 炒至收汁，放入面条拌散以吸附酱汁，再放入洋葱丝、适量水，拌炒至沸腾即可。

幸"孕"小语 食用这款面，准妈妈可以补充糖类，宝宝可以补充钙。

西红柿蘑菇炒面

材料：

蘑菇5朵，猪肉丝50克，西红柿100克，原味芝士1片，油面1份，罗勒10克

调料：

盐2克，食用油10毫升，蚝油20克，白糖5克

做法：

1. 蘑菇切片；猪肉丝剁碎；西红柿切小块。

2. 起油锅，拌开猪肉末，下蘑菇、西红柿拌炒。

3. 加入蚝油、白糖、盐以及50毫升水拌炒均匀，再放入油面炒至收汁。

4. 罗勒下锅后，用面条盖住，关火闷，拌匀起锅。

5. 盛盘后，放上一片芝士片，让面条热气慢慢将其融化即可。

幸"孕"小语　蘑菇中的营养素可以提高准妈妈抵御各种疾病的免疫力。

什锦猪肝面

材料：胡萝卜40克，木耳40克，洋菇40克，猪肝50克，油面1份，高汤200毫升

调料：米酒5毫升，盐2克，芝麻油5毫升

做法：

1. 面条氽烫备用；胡萝卜、木耳、洋菇切片。

2. 猪肝洗净至无血水，切成薄片，用米酒腌渍15分钟备用；起一锅水，沸腾后放入猪肝片，氽烫10秒后捞起，用冷开水洗净猪肝备用。

3. 锅中加入高汤、胡萝卜、木耳、洋菇煮沸，加入面条继续熬煮，最后加入猪肝、盐以及芝麻油搅拌均匀，3分钟后关火即可。

幸"孕"小语 食用这款面，准妈妈可以补充蛋白质和脂肪，宝宝可以补充糖类和钙。

可乐饼

材料： 熟土豆500克，面粉30克，猪绞肉50克，面包粉30克，鸡蛋1个，香菇末2朵

调料： 食用油、盐各适量，胡椒粉10克

做法：

1. 起油锅，炒香香菇末和猪绞肉，加入盐、胡椒粉翻炒，盛盘。
2. 熟土豆捣成泥，加入炒好的食材拌匀，做成圆饼状备用。
3. 土豆饼依序沾上面粉、蛋液、面包粉，入油锅，炸至金黄即可。

花生黄豆浆

材料： 花生70克，水发黄豆70克

调料： 白糖8克

做法：

1. 把洗净的花生、黄豆倒入豆浆机中，注入适量清水，至水位线即可。
2. 盖上豆浆机机头，选择"五谷"程序，再选择"开始"键，开始打浆。
3. 待豆浆机运转约15分钟，即成豆浆。
4. 将豆浆机断电，取下机头，将豆浆盛入碗中，加入白糖，搅拌片刻至白糖溶化即可。

孕7月

25~28周

大腹便便也幸福

♥ 妈妈的身体变化

　　孕7月准妈妈的身体仍处于快速变化期，腹部迅速增大，会很容易感到疲劳。

◆ 体重：如上所述，由于胎盘增大、胎儿的成长和羊水的增多，使准妈妈体重迅速增加，每周可增加500克。

◆ 子宫：宫底上升到脐上1～2横指，子宫高度24～26厘米。

◆ 乳房：乳房此时偶尔会分泌出少量乳汁，这是正常的。

◆ 皮肤变化：肚子上、乳房上会出现一些暗红色的妊娠纹，从肚脐到下腹部的竖向条纹也越加明显。

◆ 呼吸变化：新陈代谢时氧气消耗量加大，准妈妈的呼吸变得急促起来，在活动时容易气喘吁吁。

◆ 妊娠反应：有些准妈妈这时会感到眼睛不适，怕光、发干、发涩，可以使用一些消除眼部疲劳，保持眼睛湿润的保健眼药水，以缓解不适。

♥ 宝宝的身体变化

◆ 胎长：28～38厘米。

◆ 胎重：800～1200克。

◆ 四肢：胎宝宝的四肢相当灵活，可在羊水里"游泳"。

◆ 器官：满面皱纹，皮肤皱纹会渐少，皮下脂肪仍较少，有了明显的头发。男孩的阴囊明显，女孩的小阴唇、阴核已清楚地凸起。脑组织出现皱缩样，大脑皮层已很发达，能分辨妈妈的声音，对外界的声音是喜是恶有所反应；视网膜已经形成；有了浅浅的呼吸和很微弱的吸吮力。

◆ 胎位：胎位不能完全固定，还可能出现胎位不正的情况。

◆ 胎动：宝宝几乎占满了子宫，胎动随空间减小在减弱。

♥ 孕7月准妈妈的饮食宜忌

宜

低盐低糖饮食

　　7个月的胎宝宝生长发育的速度依然比较快，准妈妈要多为腹中的宝宝补充营养。在保证营养供给的前提下，坚持低盐、低糖饮食，以免出现妊娠糖尿病、妊娠高血压、下肢水肿等现象。

多吃蔬果

　　准妈妈要注意摄入维生素、铁、钙、钠、镁、铜、锌、硒等营养素，进食足量的蔬菜、水果，少吃或不吃难消化或易胀气的食物，多吃冬瓜、萝卜等可以利尿、消水肿的蔬菜。如吃水果，应多吃含糖量较低的如番石榴、樱桃、柚子，注意少吃含糖量高的水果如甘蔗。

增加谷物和豆类的摄入

　　准妈妈应该增加谷物和豆类的摄入量，因为胎宝宝需要更多的营养。富含纤维的食物中B族维生素的含量很高，而且可以预防便秘，全麦面包及其他全麦食品如白饭、糙米、燕麦等，豆类食品如蚕豆、扁豆、豇豆、豌豆，粗粮等，都可以多吃一些。

食用高糖分食物

糖类在人体内的代谢会消耗人体大量的钙质，如果准妈妈缺乏钙质，就会影响胎儿牙齿、骨骼的发育，同时也不利于准妈妈的食欲，因为这很容易让孕妇产生饱腹感。

食用盐分多的食物

正常孕妇每日的摄盐量以7~10克为宜。孕期吃盐太多，则钠摄入多，又因孕期排钠量减少，易失去水电解质的平衡，易引起血钾升高，导致心脏功能受损。且体内钠含量过高，血液中的钠和水会由于渗透压的改变，渗入到组织间隙中形成水肿。

食用热性调味料

女性在怀孕期间，体温较常人相对高一些，体内水分蒸腾易导致肠道津液不足，一些热性的调味料如茴香、五香粉、桂皮、胡椒、八角、辣椒、芥末、花椒等作料都有一定刺激性，进入人体的胃肠非常容易消耗肠道水分，使得胃肠分泌减少，造成胃痛、痔疮、便秘。准妈妈发生便秘症状会影响胎宝宝的生长和发育，因为便秘时孕妇用力屏气解便，增加腹压增加，压迫子宫内的胎儿，这样就非常容易造成胎动不安，更严重的还会造成羊水早破、早产等不良后果。

吃引起宫缩的食物

宫缩是临产的一个重要特征，简而言之，就是有规则的子宫收缩。宫缩开始是不规则的，强度较弱，逐渐变得有规律，强度越来越强，持续时间延长，间隔时间缩短，如间隔时间在2~3分钟，持续50~60秒。在妊娠的最后几个月就是不规则宫缩。蜂王浆中的雌性激素很高，会刺激子宫，引起宫缩，干扰胎儿在子宫内的生长发育，使胎儿过大，不利于分娩而难产，还会使胎儿体内激素增加，产后假性早熟。所以，孕妇应忌食引起子宫收缩的物质。

饭后马上吃水果

饭后马上吃水果，会导致食物在胃中停留时间过长，容易出现胀气、便秘等症状，给消化功能带来不良影响。专家建议最好在饭后2~3小时吃水果，这样消化得比较好。

♥ 孕7月准妈妈所需的关键营养素

不饱和脂肪酸

除饱和脂肪酸以外的脂肪酸（不含双键的脂肪酸称为饱和脂肪酸，所有动物油的主要脂肪酸都是饱和脂肪酸，鱼油除外）就是不饱和脂肪酸。不饱和脂肪酸是一种构成体内脂肪的脂肪酸，是人体不可缺少的脂肪酸。

对人体十分重要的不饱和脂肪酸，包含脑磷脂、卵磷脂、DHA及EPA等。不饱和脂肪酸是维持神经系统细胞生长的重要成分之一，大脑及视网膜的构成多半靠它，其中，大脑皮层中含量高达20%，视网膜中所占比例最大，约有50%，对宝宝的智力、视力发展尤为重要。

妊娠七月，准妈妈必须补充足够的不饱和脂肪酸，不仅能够预防早产、增加胎儿重量、避免胎儿发育迟缓，更对胎儿的智力及视力发育都有很大的帮助。其中，DHA被人体吸收以后，绝大部分会进到细胞膜中，并集中在视网膜或脑皮质中，进而组成脑部视网膜的感光体。组成大脑皮质的要素之一便是感光体，其对脑部及视网膜发育具有重要功能。一般成人可以靠必需脂肪酸转化出DHA，但胎儿却无法如此，一定得从母体从饮食中摄取转化后的营养素中来吸收不饱和脂肪酸，因此，准妈妈必须确认自己是否从饮食中获取足够的"脑黄金"。缺乏不饱和脂肪酸，对母体与胎儿都会造成影响，胎儿的脑细胞膜和视网膜中的脑磷脂容易不足，严重者甚至可能造成流产。虽说摄取足够的不饱和脂肪酸对准妈妈十分重要，但摄取过多仍会造成不良后果，可能影响准妈妈的免疫及血管功能，并且因为摄取过多热量，造成身体的负担。

♥ 孕7月准妈妈明星食材清单

莲藕

鲷鱼

黑米

玉米

橙子

排骨

鸡肝

羊肉

燕麦

胡萝卜

醋拌莲藕

材料： 莲藕120克，辣椒20克

调料： 盐2克，醋20毫升，白糖5克，芝麻油5毫升

做法：

1. 莲藕洗净，去皮；辣椒洗净，切丝；加适量水及10毫升醋，调制成醋水。

2. 取碗，放入莲藕及醋水，浸泡一会。

3. 莲藕切薄片，焯烫后沥干并盛盘。

4. 取碗，放盐、醋、白糖及芝麻油拌匀，辣椒丝放藕片上，淋酱汁即可。

煮藕片

材料： 莲藕300克，芝麻5毫升

调料： 酱油10毫升，白糖5克，盐适量，芝麻油5毫升，食用油适量

做法：

1. 将莲藕削皮之后，切成薄片，然后放在加有盐的沸水中汆烫，捞出备用。

2. 热油锅，放入莲藕，加入酱油、白糖，再加入少许水，稍收干汁后滴入芝麻油，即可盛盘，再撒上芝麻即可。

酱香黑豆蒸排骨

材料： 排骨350克，水发黑豆100克，姜末5克，花椒3克

调料： 盐2克，豆瓣酱40克，生抽10毫升，食用油适量

做法：

1. 将洗净的排骨装碗，倒入泡好的黑豆，放入豆瓣酱、生抽、盐、花椒、姜末、食用油，拌匀，腌渍20分钟至入味，将腌好的排骨装盘。

2. 打开已烧开上汽的电蒸锅，放入腌好的排骨。

3. 加盖，调好时间旋钮，蒸40分钟至熟软入味。

4. 揭盖，取出蒸好的排骨即可。

幸"孕"小语

食用这道菜，准妈妈可以补充丰富的不饱和脂肪酸，尤其是亚油酸。

田园烧排骨

材料：排骨50克，菜豆、胡萝卜各100克，玉米150克，姜片3片，葱段10克

调料：酱油15毫升，白糖2克，盐2克

做法：

1. 玉米切段；胡萝卜切滚刀块；菜豆切段。

2. 排骨洗净，氽烫去血沫。

3. 将排骨、白糖、酱油、姜片和葱段放入锅中，加清水至淹没食材，中火慢炖。

4. 煮开后，转小火再炖40分钟。

5. 接着放入菜豆、玉米、胡萝卜，小火续煮20分钟，最后加入盐调味即可。

幸"孕"小语　排骨可以补中益气、滋补脾胃、改善贫血、强健筋骨等，适合孕妇食用。

莲藕排骨汤

材料： 莲藕80克，排骨150克，红枣6个，生姜15克

调料： 盐2克

做法：

1. 莲藕洗净、去皮，切成小块。

2. 红枣洗净；生姜洗净、去皮，切片备用。

3. 排骨放入滚水中汆烫，去血水后捞起备用。

4. 将所有食材放入锅中，加适量清水和盐。

5. 煮滚后转小火，炖煮1小时，至莲藕熟软后，再加入盐调味即可。

幸"孕"小语

莲藕与排骨同食，可以健脾养胃，有益于胃纳不佳、食欲不振的准妈妈恢复健康。

芹菜炒羊肉

材料：

羊肉丝100克，芹菜段100
克，蒜末10克，姜丝10克

调料：

食用油适量，米酒10毫升，
生粉5克，豆瓣酱10克，芝
麻油5毫升，酱油5毫升

做法：

1. 羊肉丝加入5毫升米酒、
   酱油，腌10分钟后加入生
   粉，再搅拌均匀。

2. 起油锅，先放姜丝和蒜末
   爆香，接着放入豆瓣酱炒
   出香味，再放入羊肉丝炒
   至八分熟。

3. 紧接着放入芹菜段和5毫升
   米酒，大火翻炒片刻后，
   起锅前淋上芝麻油即可。

孕小语

羊肉含有蛋白质、脂肪、糖类、无机
盐、核黄素、胆甾醇、维生素A、维
生素C、烟酸等成分。

当归羊肉汤

材料： 羊肉600克，当归20克，老姜片20克，胡椒10克

调料： 盐2克，米酒30毫升，食用油5毫升

做法：

1. 将羊肉洗净后，切小块；接着加入米酒、胡椒，腌渍10分钟；再放入滚水中汆烫，捞出备用。

2. 当归洗净，切片。

3. 煲锅内注油烧热，先将姜片炒香，接着加入当归片、羊肉块、适量水及盐。

4. 盖上锅盖，用小火细炖3小时，至食材熟透即可。

羊肉肉质细嫩，容易消化吸收，准妈妈多吃羊肉有助于提高身体免疫力。

胡萝卜炒鸡肝

材料： 鸡肝200克，胡萝卜70克，芹菜65克，姜片、蒜末、葱段各少许

调料： 盐、料酒、水淀粉、食用油各适量

做法：

1. 将洗净的芹菜切成段；去皮洗好的胡萝卜切成条；洗好的鸡肝切成片。

2. 鸡肝片装碗，放入盐、料酒，抓匀，腌渍至入味。

3. 锅中注水烧开，加入盐、胡萝卜条，焯煮至八成熟，捞出；把鸡肝片倒入沸水锅中，汆至转色，捞出。

4. 起油锅，放入姜片、蒜末、葱段，爆香，倒入鸡肝片、料酒、胡萝卜、芹菜，炒匀，加入盐，炒匀调味，倒入水淀粉勾芡，将炒好的食材盛出，装盘即可。

幸"孕"小语　食用这道菜，准妈妈可以补充铁和维生素B，宝宝可以补充铁和卵磷脂。

橙香鱼排

材料： 鲷鱼130克，橙子2个，红椒50克，竹笋90克

调料： 盐2克，生粉15克，水淀粉、食用油各适量

做法：

1. 将鲷鱼清理干净，取鱼肉，切成薄片，抹上盐腌渍后裹上生粉，入油锅炸至金黄色，捞出备用。

2. 竹笋、红椒分别洗净，切片。

3. 橙子取出果肉，切小块。

4. 锅中留少许油，放入橙子、竹笋和红椒，加入些许清水和盐调味。

5. 最后用水淀粉勾芡，放入鱼片翻炒均匀即可。

鲷鱼营养丰富，富含蛋白质、钙、钾、硒等营养元素，为准妈妈补充丰富的蛋白质及矿物质。

鱼肉胡萝卜汤

材料： 胡萝卜80克，鲷鱼肉90克，芋头50克，上海青菜心30克，姜末10克

调料： 盐3克，米酒5毫升，食用油5毫升，芝麻油5毫升，胡椒粉5克

做法：

1. 鲷鱼肉切斜刀，切成鱼片，备用。

2. 胡萝卜洗净、去皮，切片；上海青菜心洗净，切片。

3. 芋头刷去外层泥后，削皮、洗净，再切成片。

4. 起油锅，爆香姜末，加胡萝卜、芋头、清水、盐、鱼片、胡椒粉、上海青菜心、米酒、芝麻油，一同熬煮。

5. 煮至食材熟透入味即可。

 食用这款汤，准妈妈可以补充丰富的不饱和脂肪酸和维生素。

胡萝卜玉米虾仁沙拉

材料： 胡萝卜200克，鲜玉米粒100克，洋葱130克，虾仁80克，熟红腰豆70克

调料： 橄榄油适量，盐2克，蒸鱼豉油4毫升

做法：

1. 去皮的胡萝卜切丁；洋葱切小块；虾背去除虾线。

2. 锅中注入清水烧开，放入盐、橄榄油、胡萝卜，煮约半分钟，加入玉米粒，拌匀，煮沸，再放入洋葱、虾仁，煮约2分钟至熟，把食材捞出，沥干水分。

3. 将食材装入碗中，放盐、蒸鱼豉油、橄榄油，拌匀。

4. 把拌好的食材装盘，放上红腰豆即可。

 食用这道菜，妈妈和宝宝都可以补充胡萝卜素、锌和碘。

百合黑米粥

材料： 水发大米120克，水发黑米65克，鲜百合40克

调料： 盐2克

做法：

1. 砂锅中注入适量清水烧热，倒入大米、黑米，放入洗好的百合，拌匀。

2. 盖上盖，烧开后用小火煮约40分钟。

3. 揭开盖，放入盐。

4. 拌匀，煮至粥入味，盛出粥即可。

胡萝卜小米粥

材料： 胡萝卜100克，小米30克

做法：

1. 将小米洗净，浸泡30分钟备用。

2. 胡萝卜洗净，去皮、切丝。

3. 取汤锅，放入胡萝卜丝和小米，以及300毫升清水，大火煮开。

4. 接着转小火，盖上锅盖，续煮至汤汁浓稠成粥即可。

胡萝卜粥

材料： 胡萝卜150克，白饭150克

调料： 食用油5毫升，盐1克

做法：

1. 胡萝卜洗净，切小丁。

2. 起油锅，将胡萝卜炒出香味后，放入白饭及400毫升水一起熬煮。

3. 待胡萝卜粥熬煮成稠状，加入盐搅拌均匀，再熬煮5分钟即可关火盛盘。

生姜羊肉粥

材料： 羊肉100克，白米粥150克，生姜30克

调料： 胡椒粉5克，盐1克

做法：

1. 羊肉切成小片；生姜洗净、去皮，切成细末。

2. 热水锅，加入白米粥、姜末、羊肉片，小火慢煮至沸腾。

3. 起锅前，加入盐、胡椒粉调味即可。

香菇鱼片粥

材料： 鲷鱼50克，白米饭150克，红枣3个，香菇6朵，芹菜末10克，姜丝10克

调料： 芝麻油5毫升，盐1克，胡椒粉2克，食用油5毫升

做法：

1. 红枣去核，和香菇分别洗净后备用；鲷鱼洗净，切斜刀片。

2. 起油锅，爆香姜丝后，放香菇、红枣、清水、白米饭和盐，熬煮5分钟。

3. 接着再加入鱼片、胡椒粉、芹菜末与芝麻油，搅拌一下即可。

燕麦黄豆豆浆

材料： 水发黄豆70克，燕麦片30克

调料： 白糖15克

做法：

1. 取备好的豆浆机，倒入洗净的黄豆，撒上燕麦，注入清水。

2. 盖上机头，选择"快速豆浆"，待机器运转20分钟，磨出豆浆。

3. 断电后取下机头，倒出燕麦豆浆，装在小碗中。

4. 饮用时加入白糖，拌匀即可。

♥ 妈妈的身体变化

这段时间准妈妈的双腿会感受到压力大，胃部会受子宫压迫而产生心悸、恶心、腹胀，早晨起床会手指发麻。

◆ 体重：这个月准妈妈的体重增加1300～1800克，每周增加500克也很正常。

◆ 子宫：子宫向前挺得更为明显，子宫底的高度已经上升到25～27厘米。

◆ 乳房：乳房高高隆起，乳房、腹部以及大腿皮肤上的一条条淡红色的花纹明显增多，并且由于激素的作用，乳头周围、下腹、外阴部的颜色日渐加深。

◆ 尿频、尿急：随着子宫的增大，腹部、肠、胃、膀胱受到轻度压迫，准妈妈常感到胃口不适，有尿频的感觉，排尿次数也增多了。

◆ 胀气、便秘：经常出现便秘和灼心感。

♥ 宝宝的身体变化

◆ 胎长：约44厘米。

◆ 胎重：1200～2000克。

◆ 四肢：手指甲发育得很清楚。身体和四肢还在继续长大，最终长得与头部比例相称。

◆ 器官：眼睛能辨认和跟踪光源。听觉神经发育完成。长出一头的胎发。触觉已发育完全。肺和胃肠功能已接近成熟，具备呼吸能力，能分泌消化液。男孩的睾丸从腹腔沿腹沟向阴囊下降；女孩的阴蒂已凸现出来，但并未被阴唇覆盖。皮肤由暗红变浅红。

◆ 胎动：胎儿动的次数比原来少了，动作也减弱了，再也不会像原来那样在准妈妈的肚子里翻筋斗了。

♥ 孕8月准妈妈的饮食宜忌

摄入均衡的营养

进入孕晚期，胎儿的骨骼、肌肉和肺部发育都日趋成熟，对营养的需求也达到了最高峰。准妈妈也要为分娩以及分娩之后的哺乳积蓄能量。但是对于此时的准妈妈来说，子宫占据了大半个腹部，肠胃被挤压，消化能力受到一定程度的影响，常常会有吃不下的感觉。因此，少吃多餐是一种非常好的方式。另外，还要注意营养的均衡摄入，适量补充不饱和脂肪酸、优质蛋白质、钙、铁等营养成分。

粗粮、细粮搭配食用

准妈妈适量多吃粗粮，可以保证摄入足够的膳食纤维，有利于通便，还有保护血管、控制血压和血糖等作用。但是，粗粮也不能吃得太多，或者只吃粗粮不吃细粮。如果粗粮吃得过多，就容易影响身体对蛋白质、脂肪的吸收。一般来说，每周吃3次粗粮比较合适。

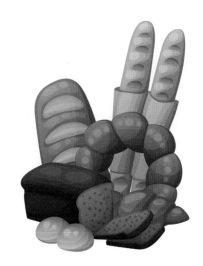

饭后适当嗑瓜子

葵花子与西瓜子都富含脂肪、蛋白质、锌等营养元素及多种维生素，可增强消化功能。嗑瓜子能够使整个消化系统活跃起来。准妈妈在饭前或饭后嗑瓜子，消化液就随之不断地分泌，对于食物的消化与吸收十分有利。所以，饭前嗑瓜子能够促进食欲，饭后嗑瓜子能够帮助消化。如果多种瓜子混合嗑效果更佳。

宜

吃过甜或油腻的食物

孕晚期不能食用糕点、糖果等食物，这些食物过甜或者过于油腻，会影响孕妇的胃口，导致不能从其他食物中正常摄入各种营养，而且易造成孕妇肥胖，对分娩不利，并使孕妇体内碱度下降，对胎儿的生长发育不利，所以不宜食用。

吃辛辣刺激食物

孕晚期不能食用大蒜、大葱、辣椒、韭菜等食物，这些食物辛辣刺激，容易伤津、耗气、损血，加重气血虚弱，并容易导致便秘，多食辣椒还会导致供血不足，使子宫、胎儿、血管局部受挤压，容易引起高血压、流产、早产等，所以不宜食用。

吃生冷寒凉、刺激子宫的食物

孕晚期不能食用苦瓜、冷饮、汽水、苋菜、荠菜等食物，这些属于生冷食物，其性寒凉，对子宫有非常大的刺激作用，很容易发生意外，有可能对孕妇和宝宝造成极大的危险，所以不适宜食用。

吃引发胎火的食物

孕晚期不能食用桂圆、人参、鹿茸等食物，这些食物性温热，有大补的作用，容易致使脏腑蓄热，引发胎火，导致孕妇出现口干舌燥、睡不着、长痘痘、手足心发烫、便秘、嘴角易破等症状，对母子均不利。

吃腌制食物

孕晚期不能食用如熏肉、腊肠、腊肉、咸鱼、咸菜、松花蛋、咸蛋等食物，这些属于腌制食物，其维生素及微量元素已遭到破坏，不能为孕妇和胎儿补充必需的营养元素，而且含有亚硝酸盐，会影响孕妇的心血管系统，导致胎儿缺氧，所以不宜食用。

● 孕8月准妈妈所需的关键营养素

碳水化合物

　　碳水化合物是生命细胞结构的主要成分及主要供能物质，并且有调节细胞活动的重要功能。机体中碳水化合物的存在形式主要有三种——葡萄糖、糖原和含糖的复合物，碳水化合物的生理功能与其摄入食物的碳水化合物种类和在机体内存在的形式有关。膳食碳水化合物是人类获取能量的最经济和最主要的来源；碳水化合物是构成机体组织的重要物质，并参与细胞的组成和多种活动；此外还有节约蛋白质、抗生酮、解毒和增强肠道功能的作用。膳食中缺乏碳水化合物将导致全身无力、疲乏，血糖含量降低，产生头晕、心悸、脑功能障碍等，严重者还会导致低血糖昏迷。

　　进入妊娠八月，准妈妈需要特别注意碳水化合物的摄取，这个阶段因为胎儿开始在肝脏及皮下储存脂肪，因此需要从母体摄取足够的碳水化合物，若是摄取不足，可能导致酮症酸中毒或蛋白质缺乏。碳水化合物是胎儿每日新陈代谢的必需营养素，若是缺乏，可能对母体与胎儿造成不良影响。前者由于血糖含量降低，导致肌肉疲乏无力、身体虚弱以及心悸等症状，严重者还可能产生妊娠期低血糖昏迷；后者造成脑细胞所需葡萄糖供应减少，大幅减弱胎儿的记忆、学习及思考能力。碳水化合物最佳及最主要来源正是每餐主食，准妈妈在饮食上必须定时定量，才能维持正常的血糖指数，供给胎儿新陈代谢所需营养素，帮助其正常生长。但若摄取过多，则容易导致母体肥胖，反而造成身体的负担。

♥ 孕8月准妈妈明星食材清单

瓜子

金针菇

三文鱼

百合

红豆

鸡肉

莴笋

火腿

土豆

竹笋

双笋沙拉

材料： 竹笋80克，生菜30克，莴笋70克，柠檬20克

调料： 盐、白糖、白醋、蜂蜜、橄榄油各适量

做法：

1. 竹笋、莴笋切成条；生菜切块。

2. 锅中注入清水烧开，倒入竹笋，汆20分钟去除苦味，捞出，沥干放凉。

3. 锅中注入清水烧开，倒入莴笋，焯片刻，将莴笋捞出入凉水放凉，捞出。

4. 往碗中加材料和调料，拌匀即可。

冰糖百合蒸南瓜

材料： 南瓜条130克，鲜百合30克

调料： 冰糖15克

做法：

1. 把南瓜条装在蒸盘中，放入洗净的鲜百合，撒上冰糖。

2. 备好电蒸锅，放入蒸盘。

3. 盖上盖，蒸约10分钟，至食材熟透。

4. 断电后揭盖，取出蒸盘，稍微冷却后食用即可。

西芹炒百合

材料：

百合30克，西芹100克，葱 30克

调料：

盐2克，水淀粉5毫升，食用 油5毫升

做法：

1. 将百合洗净，掰成小瓣 后，放入滚水中快速焯烫 后捞起。

2. 西芹洗净，切段，放入滚 水中焯烫。

3. 葱切段备用。

4. 油锅烧热，放入百合、西 芹以及葱段，翻炒至西芹 全熟，调入盐拌匀。

5. 最后用水淀粉勾芡即可。

百合含有丰富的蛋白质、脂肪、还原糖、淀粉及钙、磷、铁、维生素B、维生素C等营养素。

烤什锦菇

材料：鸿喜菇90克，金针菇90克，杏鲍菇90克，香菇70克，葱花10克

调料：芝麻油5毫升，盐、黑胡椒各3克

做法：

1. 鸿喜菇和金针菇洗净，去尾、剥散。

2. 杏鲍菇切斜片；香菇切片。

3. 取1张铝箔纸，铺上各种菇类，加入盐、芝麻油、黑胡椒，撒入葱花。

4. 包起来，中间留空隙，放入烤箱，以200℃高温烤10~15分钟即可。

双鲜金针菇

材料：金针菇100克，干贝10克，鸡胸肉50克

调料：葱丝10克，盐2克，芝麻油5毫升

做法：

1. 金针菇洗净后焯烫、沥干，盛在碗内备用。

2. 鸡胸肉氽烫后，撕成鸡肉丝；干贝氽烫后也撕成细丝。

3. 金针菇、鸡肉丝和干贝丝混合，加入盐、葱丝及芝麻油，拌匀即可。

百合炒肉片

材料： 猪瘦肉片100克，干百合15克，蛋白1个

调料： 盐15克，食用油5毫升，生粉10克

做法：

1. 将干百合放入温水中，盖上盖浸泡30分钟，取出洗净杂质，备用。

2. 猪瘦肉片用10克盐、生粉、蛋白拌匀，腌渍30分钟备用。

3. 锅内倒油烧热，放入猪瘦肉片滑炒。

4. 接着放入百合翻炒，再加入盐和少量水煨一下，翻炒均匀即可。

百合具有养心安神、滋阴润肺的功效，对准妈妈非常有益。

牛肉笋丝

材料： 牛肉90克，竹笋30克，葱1根，姜丝10克

调料： 酱油15毫升，盐1克，食用油5毫升，料酒5毫升，生粉5克

做法：

1. 将竹笋、葱以及牛肉分别洗净，切成丝。

2. 牛肉丝用生粉、盐和料酒，腌渍30分钟；起油锅，将牛肉丝炒至六分熟，捞出备用。

3. 同一锅中放入笋丝和姜丝爆香，再放入酱油和葱丝，大略翻炒几下。

4. 最后放入牛肉丝一起翻炒，拌匀即可。

幸"孕"小语

竹笋具有低脂肪、多纤维的特点，食用竹笋能促进肠道蠕动，帮助消化，去积食，防便秘。

土豆炖牛肉

材料：

牛肉300克，土豆200克，葱段10克，姜片3片，茴香10克，花椒10克

调料：

酱油30毫升，白糖5克，盐1克，橄榄油5毫升

做法：

1. 土豆洗净、去皮后切成小块，泡水备用。

2. 牛肉切成适当大小。

3. 热油锅，放入土豆微煎至上色后，盛出备用。

4. 原锅中放入葱段、姜片、茴香与花椒爆香，再加入牛肉、酱油、白糖与适量的清水，煨煮一会。

5. 水滚后捞起浮沫，转小火炖1小时，再放入土豆块、盐，炖至软嫩即可。

幸"孕"小语

土豆含大量淀粉、蛋白质和胶质柠檬酸、乳酸及钾盐，为准妈妈补充所需营养素。

竹笋煨鸡丝

材料： 竹笋160克，熟鸡肉丝110克，鸡汤30毫升，葱段10克，姜片3片

调料： 白糖5克，盐2克，食用油10毫升

做法：

1. 将鲜竹笋剥去外壳，切除底部过粗纤维，洗净、切丝。

2. 起油锅，先放入葱段、姜片和笋丝大火煸炒几下。

3. 接着转中小火，加入盐、白糖、鸡汤及鸡肉丝，煨煮一下即可。

幸孕小语

竹笋含有丰富的蛋白质、氨基酸、脂肪、糖类、钙、磷、铁、胡萝卜素、维生素等，可为准妈妈补充营养素。

茄汁香煎三文鱼

材料： 三文鱼160克，洋葱45克，彩椒15克，芦笋20克，鸡蛋清20克

调料： 番茄酱、盐、黑胡椒粉、生粉、食用油各适量

做法：

1. 彩椒去籽，切成粒；洋葱切成粒；洗净的芦笋切成丁。

2. 将洗好的三文鱼装入碗中，加入盐、黑胡椒粉、蛋清、生粉，拌匀，腌渍约15分钟，至其入味。

3. 热油锅，放入三文鱼，煎至熟透，盛出鱼块，装入盘中。

4. 锅底留油烧热，倒入洋葱、芦笋，翻炒出香味，加入彩椒、番茄酱、清水，搅匀，煮沸，加入盐，拌匀，调成味汁，盛出味汁，均匀地浇在鱼块上即可。

幸"孕"小语　食用这道菜，准妈妈可以补充膳食纤维和糖类，宝宝可以补充α-亚麻酸。

烤三文鱼

材料： 三文鱼切片1片，罗勒30克，柠檬1片

调料： 盐3克，料酒5毫升，黑胡椒粒10克，食用油适量

做法：

1. 将三文鱼切片洗净，均匀抹上盐、料酒及黑胡椒粒，放入油锅煎至两面泛白，盛盘。

2. 罗勒洗净，剁碎，将其平铺在鱼身上，再在鱼身上撒些黑胡椒粒及盐。

3. 将鱼放入180℃的烤箱烤15分钟，烤至表面呈金黄色，且鱼肉熟透。

4. 食用时，挤上柠檬汁即可。

幸"孕"小语　食用三文鱼可以为准妈妈补充丰富的不饱和脂肪酸、蛋白质和铜。

三文鱼蒸饭

材料： 水发大米150克，金针菇50克，三文鱼50克，葱花、枸杞各少许

调料： 盐3克，生抽适量

做法：

1. 洗净的金针菇切去根部，切成小段；洗好的三文鱼切丁。

2. 将三文鱼放入碗中，加入盐，拌匀，腌渍片刻；取碗，倒入大米、清水、生抽、鱼肉、金针菇，拌匀。

3. 蒸锅中注入适量清水烧开，放上碗，蒸40分钟至熟。

4. 取出蒸好的饭，撒上葱花，放上枸杞即可。

幸"孕"小语　食用这款蒸饭，准妈妈可以补充糖类，宝宝可以补充α-亚麻酸。

红豆燕麦粥

材料： 红豆100克，燕麦50克

调料： 红糖45克

做法：

1. 红豆洗净，浸泡约6小时。

2. 燕麦清洗好，备用。

3. 锅中加入400毫升水，放入浸泡过的红豆，用大火煮沸后，再用中火煮30分钟至1小时，接着加入燕麦，继续煮15分钟。

4. 最后依个人口味加入适量的红糖，搅拌均匀后即可食用。

火腿煎饼

材料： 火腿片100克，面粉140克，玉米粉70克，鸡蛋1个

调料： 盐2克，白糖2克，食用油5毫升

做法：

1. 将面粉、玉米粉、盐、白糖及300毫升水混合，搅拌成面糊。

2. 火腿片切丝，放入面糊里，再打入鸡蛋，搅拌均匀。

3. 热油锅，平均地放入面糊，用小火煎成两面金黄色的圆薄饼，起锅切成三角形即可。

孕9月

33~36周

进入艰难待产期

♥ 妈妈的身体变化

◆体重：体重继续增加。

◆子宫：继续在往上、往大长，子宫底高达至28~30厘米，已经升到心口窝。

◆乳房：乳腺和乳腺导管继续发育，已经可以分泌乳汁。

◆尿频、尿急：胎头下降，压迫膀胱，导致准妈妈的尿频现象加重，经常有尿意。

◆胀气、便秘：由于准妈妈活动减少，胃肠的蠕动也相对减少，食物残渣在肠内停留时间长，就会造成便秘，甚至引起痔疮。

◆水肿：手脚、腿等出现水肿，要注意水的摄入量。

◆呼吸变化：准妈妈常感到喘不过气来，36周时，准妈妈的呼吸困难开始缓解。

◆妊娠反应：子宫膨大压迫了胃，常吃了一点就感觉饱了。

♥ 宝宝的身体变化

◆胎长：46~50厘米。

◆胎重：2000~2800克。

◆四肢：胎儿身体呈圆形，皮下脂肪较丰富，皮肤的皱纹、毛发都减少。皮肤呈淡红色，指甲长到指尖。手肘、脚丫和头部可能会清楚地在腹部凸显。

◆器官：胎儿的听力已充分发育。男孩的睾丸已降至阴囊中，女孩的阴唇已隆起。胎儿的呼吸、消化系统已近成熟。肺部发育基本完成。两个肾脏发育完全。

◆胎儿姿势：胎儿身体转为头位，头部已进入骨盆。

◆胎动：第35周，胎动每12小时在30次左右为正常，胎动少于20次预示胎儿可能缺氧，少于10次胎儿有生命危险。

♥ 孕9月准妈妈的饮食宜忌

少食多餐

孕晚期随着子宫逐渐膨大，胃肠等消化器官会受到一定的挤压，使孕妇的胃口和消化能力受到一定的影响。因此在这个阶段适宜采取少食多餐的饮食方法，既能减少孕妇的肠胃负担，又有利于随时变换膳食的花样，补充多样和足够的营养，以保障孕妇和胎儿的营养需要。由于胃部空间变小，可以多选择一些体积小但营养价值高的食物，如奶制品或动物性食品等。尤其在食欲下降、营养容易流失的夏季，最好选择新鲜的蔬菜水果，常吃鸡肉丝、猪肉丝、蛋花、紫菜、香菇做的汤。

饮食多样化

孕晚期是胎儿迅速生长和增加体重的时期，其大脑、骨骼、血管、肌肉完全形成，各个器官发育成熟，皮肤逐渐坚韧，皮下脂肪增多。在这个阶段如果孕妇营养摄入不合理，尤其是摄入过多，会使胎儿长得太大，分娩时容易难产，对宝宝的健康也不利。所以孕晚期饮食应以量少、丰富、多样为原则，既保质，又控量。要适当控制蛋白质、高脂肪食物的摄入量，一般采取少吃多餐的方式进餐，多吃体积小、营养价值高的食物，少吃体积大、营养价值低的食物，如土豆、红薯等。

适当吃粗粮

孕晚期饮食宜粗细搭配，因为粗粮没有经过精细加工，因此保存了某些细粮中没有的营养，只吃精细粮容易导致某些营养元素吸收不够，如膳食纤维、B族维生素等。吃粗粮还能促进消化，防止孕晚期出现便秘。适合孕妇吃的粗粮有玉米、红薯、荞麦、糙米等。但孕妇进食粗粮并非多多益善，需注意适量，因为如果摄入的膳食纤维过多，会影响人体对蛋白质、无机盐以及某些微量元素的吸收，长此以往会导致免疫力下降。对孕妇来说，粗粮细做比较有利于健康。

营养过剩

一般认为，如果宝宝出生时达到或超过4千克，就被称为"巨大儿"。巨大儿会造成准妈妈难产及增加产后出血的发生率，新宝宝也容易发生低血糖、红细胞增多症等并发症；随着生长发育，还容易发胖；成人后，患糖尿病、高血压、高脂血症等疾病的概率也会增加。

实际上，在孕期，准妈妈所需要的热量只比正常人增加了20%左右，真正需要补充的是大量的微量元素。由此可见，准妈妈在孕期的热量摄取一定要有一个合理的度，高质量的饮食不代表高热量饮食。所以，准妈妈应注意控制孕期对于各种营养素的摄取量，避免营养过剩，并保持营养的均衡，避免生出巨大儿。

完全限制盐和水分的摄入

虽然孕晚期准妈妈的水肿日益严重，但也不要限制水分的摄入量，因为母体和胎宝宝都需要大量的水分。相反，摄入的水分越多，反而越能帮助准妈妈排除体内的水分。

另外，少食盐可以帮助准妈妈减轻水肿症状，但是准妈妈也不宜忌盐。因为准妈妈体内新陈代谢比较旺盛，特别是肾脏的过滤功能和排泄功能比较强，钠的流失也随之增多，所以易导致准妈妈食欲不振、倦怠乏力等低钠症状，严重时会影响胎宝宝的发育。为了保证准妈妈对钠的需要量，就不能严格控制盐的摄入量。

忌

♥ 孕9月准妈妈所需的关键营养素

膳食纤维

膳食纤维对人体具备很多好处，包含预防心脑血管疾病、糖尿病、便秘、肠癌、胆结石、皮肤疾病、牙周病及控制体重等，这些好处对准妈妈来说格外重要，因此这个时期，准妈妈应该从饮食中补充足够的膳食纤维。

膳食纤维分为两类：水溶性与非水溶性的。前者主要成分为果胶之类的黏性物质，可以溶于水中，变成胶体状；后者主要成分为木质素、纤维素及半纤维素等，虽然不溶于水，却可以吸附大量水分，进而促进肠道蠕动。

准妈妈在妊娠九月摄取足够的膳食纤维，不仅可以增加每餐饱足感，更有助体重控制及肠胃蠕动。在这个时期，胎儿忽然快速地增大，对母体的消化器官产生压迫，使准妈妈容易发生便秘情况，因此必须摄取足够的膳食纤维，才能避免这种状况的发生。食用膳食纤维后，可以有效帮助肠道蠕动，有利于代谢中有害物质的排出，对于皮肤的健康美丽更是加分，还可以减缓糖分的吸收，可以说是天然的"碳水化合物阻滞剂"。部分准妈妈由于罹患妊娠糖尿病，需要严格控制血糖，若是摄取足够的膳食纤维，可以减缓糖分的吸收，并达到稳定血糖的功效。但有一点需注意，膳食纤维要起作用，还需补充足够水分，才能发挥最大的功用。

♥ 孕9月准妈妈明星食材清单

牛奶

苦瓜

洋葱

松仁

豆干

生菜

糙米

圣女果

冬笋

缤纷酸奶水果沙拉

材料： 哈密瓜100克，火龙果100克，苹果100克，圣女果50克，酸奶100克

调料： 蜂蜜、柠檬汁各适量

做法：

1. 洗净去皮的哈密瓜切成小块；火龙果去皮切成小块；洗净的苹果去皮，去核，切成小块；洗净的圣女果对半切开。

2. 备好一个碗，将切好的水果整齐地码入碗中，用保鲜膜将果盘包好，放入冰箱冷藏20分钟。

3. 备小碗，放入酸奶、蜂蜜、柠檬汁，搅匀，20分钟后取出，去除保鲜膜。

4. 将调好的酸奶酱浇在水果上，即可食用。

胡萝卜苦瓜沙拉

材料：

生菜70克，胡萝卜80克，苦瓜70克

调料：

柠檬汁10毫升，橄榄油10毫升，蜂蜜5克，盐少许

做法：

1. 洗净的苦瓜去籽，切丝；洗净去皮的胡萝卜切成丝；洗好的生菜切成丝。

2. 锅中注入适量清水，大火烧开，加少许盐，倒入苦瓜、胡萝卜，煮至断生。

3. 将食材捞出，放凉水中过凉，捞出，沥干，待用。

4. 将食材装入碗中，放入备好的生菜，加入少许盐、柠檬汁、蜂蜜、橄榄油，搅拌匀，把拌好的食材装入盘中即可。

幸"孕"小语　食用这道菜，准妈妈可以补充膳食纤维和钙，宝宝可以补充钙。

凉拌苦瓜

材料： 苦瓜180克

调料： 蛋黄酱75克，番茄酱15克

做法：

1. 将苦瓜去籽后洗净，仔细用汤匙刮除白膜，再放入冷开水中浸泡，至苦瓜冰凉。

2. 将苦瓜取出沥干，切成斜刀片，放入盘中。

3. 将蛋黄酱和番茄酱拌匀，食用前淋上酱汁或蘸酱食用即可。

凉拌干丝

材料： 豆干丝350克，芹菜段50克，胡萝卜30克，葱末10克，姜片3片

调料： 淡色酱油15毫升，米酒15毫升，芝麻油10毫升，白糖2克

做法：

1. 豆干丝切段；胡萝卜去皮洗净，切丝。

2. 煮一锅水，放入米酒和姜片，水煮芹菜段、胡萝卜丝和豆干丝，捞出。

3. 取碗，放淡色酱油、白糖、芝麻油和葱末调匀，再加入芹菜段、胡萝卜丝、豆干丝，搅拌均匀即可。

牛奶烩生菜

材料： 生菜150克，西蓝花100克，牛奶150毫升

调料： 盐2克，水淀粉、食用油各适量

做法：

1. 生菜、西蓝花洗净，除去过粗纤维后切小块。

2. 煮一锅水，西蓝花焯烫至熟后捞出。

3. 热油锅，先放入西蓝花翻炒，接着加入牛奶和100毫升清水，待沸腾后，加入生菜拌炒。

4. 最后加盐，用水淀粉勾芡即可起锅。

松仁拌上海青

材料： 嫩上海青300克，松子仁35克

调料： 芝麻油5毫升，白糖2克，盐2克，食用油适量

做法：

1. 上海青去根洗净、沥干后，切长段。

2. 起油锅，炒香松子仁，捞起沥油。

3. 取汤锅，注入适量清水，加盐，烧开后放入上海青段，焯烫约2分钟，捞出后沥干。

4. 把焯好的上海青段放盘中，加白糖、盐、松子仁以及芝麻油，拌匀即可。

洋葱炒丝瓜

材料：

丝瓜200克，洋葱100克，猪瘦肉50克，高汤50毫升，姜片2片

调料：

食用油5毫升，盐2克，胡椒粉2克，芝麻油5毫升

做法：

1. 将丝瓜洗净，去蒂、去皮，切条后再切滚刀块。
2. 洋葱洗净，剥去老皮后逆纹切丝。
3. 猪瘦肉洗净，切丝备用。
4. 锅中倒入食用油烧热，先放入姜片爆香，接着放入肉丝、丝瓜块、洋葱丝、高汤翻炒，盖上锅盖转小火，焖至丝瓜软化出水。
5. 加入盐、胡椒粉调味后，淋上芝麻油即完成。

幸"孕"小语　丝瓜含有防止皮肤老化的B族维生素和增白皮肤的维生素C等成分，使准妈妈在孕期既保证营养，又能美丽。

牛奶洋葱汤

材料： 鸡蛋1个，洋葱50克，鲜奶300毫升

调料： 盐3克，橄榄油5毫升

做法：

1. 洋葱去蒂、根部，洗净后切末；鸡蛋打散成蛋液备用。

2. 起油锅，小火将洋葱末炒至透明。

3. 待洋葱软烂成焦糖色后，倒入鲜奶，接着再加盐调味。

4. 未滚前加入蛋液，持续搅拌至微微沸腾、周围冒出小泡即可。

圣女果百合猪肝汤

材料： 猪肝60克，圣女果6颗，生姜3片，百合5克

调料： 米酒5毫升，胡椒粉5克，盐2克

做法：

1. 猪肝洗净，切薄片。

2. 百合掰开，洗净备用。

3. 圣女果洗净后从中划开。

4. 取汤锅，注清水煮开后，放入姜片、百合和圣女果，再加盐稍微调味。

5. 煮滚后，放入猪肝、胡椒粉和米酒，待猪肝煮熟即可。

冬笋姜汁鸡丝

材料： 鸡胸肉100克，冬笋50克，蛋白1个，高汤50毫升

调料： 食用油适量，生粉5克，米酒5毫升，盐2克，姜汁5毫升

做法：

1. 鸡胸肉切细丝，与蛋白混合，再放入生粉拌匀；冬笋切细丝。

2. 起油锅，放鸡丝，待熟透取出沥油。

3. 另取一锅，放入高汤、冬笋丝、盐、姜汁、米酒，大火煮滚，转中火。

4. 待汤头煮出香味后，放入鸡丝即可。

葱椒鲜鱼条

材料： 多利鱼1片，面粉50克，蛋黄1个，洋葱末30克，辣椒末、葱花各10克

调料： 胡椒5克，白糖2克，盐2克，米酒5毫升，食用油适量

做法：

1. 将面粉加入清水、蛋黄及盐，拌匀制成面糊；多利鱼切条后裹上面糊下油锅，炸至金黄。

2. 起油锅，爆香辣椒、葱花，加入盐、白糖、胡椒和炸好的鱼条，拌炒。

3. 起锅前下洋葱和米酒炒匀即可。

青江干丝糙米饭

材料：

糙米饭150克，上海青40克，豆干2片

调料：

食用油5毫升，盐1克

做法：

1. 上海青洗净，切末备用。

2. 豆干洗净后，先切成豆干片，再切丝备用。

3. 起油锅，放入糙米饭炒香，待糙米饭香气传出后，放入豆干丝来回拌炒1分钟。

4. 再放入上海青拌炒至熟色，加盐调味，即可盛盘食用。

幸"孕"小语　食用这款饭，准妈妈可以补充膳食纤维、维生素和矿物质。

红薯糙米饭

材料： 水发糙米220克，红薯150克

做法：

1. 将去皮洗净的红薯切丁。

2. 锅中注入清水烧热，倒入洗净的糙米，拌匀，煮约40分钟，至米粒变得柔软。

3. 倒入红薯丁，拌匀，煮约15分钟，至食材熟透。

4. 盛出煮好的糙米饭，装在碗中，稍微冷却后即可食用。

葡萄干桂圆甜粥

材料： 葡萄干20克，桂圆干50克，饭150克，松子10克

做法：

1. 取一锅，放入松子干煎至表面微焦，炒至香味传出后，便可起锅备用。

2. 起水锅，加入饭、葡萄干及桂圆干一起熬煮，待沸腾后，转小火继续熬煮至米粥熟烂。

3. 熬煮至香味传出、米粥呈现稠状，即可盛盘，最后均匀地撒上松子即可。

孕
10
月

**37~40
周**

迎接小天使降临

♥ 妈妈的身体变化

◆体重：体重达到高峰期。

◆乳房：有更多乳汁从乳头溢出。

◆子宫：子宫底下降，进入盆腔。

◆阴道分泌物：阴道分泌物增多。

◆尿频、尿急：常会尿急或觉得尿不干净。

◆胀气、便秘：便秘会变得明显。

◆呼吸变化：子宫下降，对胸部的压迫消除，呼吸变得较为
轻松。

◆妊娠反应：这时有不规则阵痛、浮肿、静脉曲张等感觉，
在分娩前更加明显。

♥ 宝宝的身体变化

◆胎长：约51厘米。

◆胎重：2800~3500克。

◆四肢：手、脚的肌肉已发达，骨骼已变硬。头发已长出
3~4厘米。

◆器官：第37周时，胎儿现在会自动转向光源，这叫作"向
光反应"。胎儿的感觉器官和神经系统可对母体内
外的各种刺激做出反应，能敏锐地感知母亲的思
考，并感知母亲的心情、情绪以及对自己的态度。
身体各部分器官已发育完成，肺部是最后一个成熟
的，在宝宝出生后几小时内才能建立正常的呼吸。

◆胎动：胎儿不太爱活动了。这时其头部已固定在骨盆中。

◆胎儿姿势：胎儿的头在骨盆腔内摇摆，周围有骨盆的骨架
保护着。

♥ 孕10月准妈妈的饮食宜忌

适当添加零食和夜餐

　　怀孕晚期，孕妇除了吃好正餐以外，还可根据需要适当添加些零食和夜宵，以保障营养的充分摄入，但食物应选择营养丰富且容易消化的，如牛奶、点心、水果、坚果等。尤其不要饿着肚子睡觉。吃夜宵的时间不宜太晚，应与晚餐和睡觉的时间均间隔一定的时间，在略有饥饿感时吃夜宵最好，吃后休息一两个小时再上床睡觉。宵夜的分量以全天进餐量的五分之一为宜，并也要注意营养搭配，最佳搭配是奶制品、少量糖类和一点儿水果，如香蕉、苹果。太咸的食物和油炸食品不宜选择。

多吃鱼预防早产

　　丹麦研究人员指出，多吃鱼可以增加女性足月分娩健康婴儿的可能性，即有助于预防早产。科学家估计，富含Ω-3脂肪酸的鱼可以延长妊娠期、防止早产，从而增加婴儿出生时的体重，使宝宝出生之后更加健康。研究证明，从不吃鱼的孕妇早产的可能性为7.1%，而每周至少吃一次鱼的孕妇早产概率只有1.9%。因此，孕晚期的准妈妈应多吃鱼，以降低早产的概率，尤其是富含Ω-3脂肪酸的鱼类，如大麻哈鱼、凤尾鱼、鲱鱼、鲭鱼、鳕鱼、沙丁鱼、金枪鱼等。

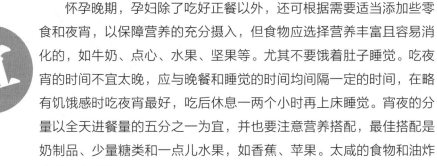

暴饮暴食

孕晚期对准妈妈来说是即将面临生产的准备期，对宝宝来说则是体重迅速增长的时期。在这个阶段，如果孕妇暴饮暴食，吃得过多，会使孕妇体内脂肪积蓄过多，导致组织弹性减弱，容易在分娩时造成难产或大出血，过于肥胖的孕

妇还有发生妊娠高血压综合征、妊娠合并糖尿病、妊娠合并肾炎等疾病的可能。同时，孕妇暴饮暴食容易造成巨大胎儿，分娩时产程延长，易影响胎儿心跳而发生窒息。还有可能引起胎儿终生肥胖。所以，孕晚期要合理饮食，切不可毫无节制地暴饮暴食。

吃各种滋补品

滋补品如人参，是补气中的上品，能补元气、益虚损，但人参中含有一种叫作人参苷的物质，有强心、兴奋作用，准妈妈食用后，不仅会造成大脑兴奋，从而影响手术的正常进行，还会因体内气血循环旺盛而造成产后大量出血，因此不宜服用。再如黄芪，补气健脾，与母鸡炖熟后食用，有滋补益气的作用，对气虚的人来说，是很好的补

品。但是，黄芪炖母鸡对于准妈妈，尤其是临产的准妈妈，则不适宜，容易引起过期妊娠，使胎宝宝过大而造成难产，增加准妈妈的痛苦，有时还需用会阴侧切、产钳助产，甚至剖宫等手段来帮助分娩，这样做也有可能伤害胎宝宝。

♥ 孕10月准妈妈所需的关键营养素

维生素 B₁

硫胺素又称维生素B₁，是很重要的营养素之一，人体无法自行制造硫胺素，储存量也有限，虽然肠道细菌可以自行合成，但数量稀少，且主要为焦磷酸酯型，不易被肠道吸收，因此必须从每日食物中摄取，才能摄入足够的硫胺素。孕期最后一个月，需特别注意补充足够的营养，其中，以硫胺素最为重要，孕妈妈需从饮食中充分摄取，才不会增加生产的困难。

硫胺素是人体必需营养素，与体内热量及物质代谢有很密切的关系，一般人缺乏硫胺素，可能出现全身无力、疲累倦怠等不适现象；准妈妈则可能感到全身无力、疲乏不振、头痛晕眩、食欲不振、经常呕吐、心跳过速及小腿酸痛，长期缺乏，甚至可能导致横纹肌溶解症，严重者还会死亡。建议准妈妈尽量选择粗粮来当主食，以增加硫胺素的吸收。

硫胺素最为丰富的食物来源为葵花籽仁、花生、大豆粉、瘦猪肉；其次为小麦粉、小米、玉米、大米等谷物食物；鱼类、蔬菜和水果中含量较少。建议食用碾磨度不太精细的谷物，可防止维生素B₁缺乏。

维生素 K

维生素K参与人体的凝血作用，在人体内储量不多，缺乏时会引起出血症状。维生素K既可以从食物中摄取，又能在人体肠道内合成，但新生儿出生后1周之内肠道尚无法合成维生素K，因此需要从母乳中获得。维生素K存在于西蓝花等深色蔬菜中，孕妇产前常吃可预防产后出血，并增加母乳中维生素K的含量。

♥ 孕10月准妈妈明星食材清单

板栗

红枣

鸡肉

玉米笋

奶油

豌豆

鸡蛋

西蓝花

鳕鱼

奶油玉米笋

材料：

面粉10克，鲜牛奶80毫升，奶油30克，玉米笋400克，清汤100毫升

调料：

盐2克，水淀粉5毫升

做法：

1. 将玉米笋洗净、切花刀，焯熟后沥干备用。

2. 锅中放入奶油融化，接着放入面粉，开小火不停搅拌1至2分钟，至面粉糊小小发泡、飘出香味。

3. 加入清汤后，搅拌至面粉不结块，再紧接着加入鲜牛奶、盐和玉米笋拌匀。

4. 用小火煮至入味，用水淀粉勾芡即可。

幸"孕"小语　食用这道菜，准妈妈可以补充维生素B和维生素A。

板栗扒上海青

材料：

上海青100克，熟板栗肉70克，香菇30克，胡萝卜片30克，姜2片

调料：

盐2克，白糖2克，水淀粉5毫升，食用油5毫升

做法：

1. 香菇去蒂，洗净后切成两半；熟板栗肉切成两半。

2. 上海青洗净、切段，放入沸水中焯烫一下，捞出后铺盘。

3. 热油锅，下姜片炒出香味，接着加入香菇、板栗肉、胡萝卜片略炒。

4. 加入盐、白糖、清水煮至入味，再用水淀粉勾芡，最后盛在上海青上即可。

幸"孕"小语

板栗富含维生素C、维生素B、胡萝卜素和不饱和脂肪酸，可以为准妈妈补充所需营养素。

板栗双菇

材料： 蘑菇70克，笋子50克，豌豆30克，板栗80克，香菇120克

调料： 蚝油15克，水淀粉5毫升，芝麻油5毫升，食用油5毫升，米酒5毫升，白糖2克

做法：

1. 板栗放入沸水中略烫一下，捞出去皮，再煮熟，捞出。

2. 香菇、蘑菇分别洗净，切丁；笋子洗净，切块。

3. 起油锅烧热，放入香菇、蘑菇和豌豆，加入蚝油、白糖及适量清水煨煮。

4. 加入笋子、米酒，煮至入味。

5. 放入板栗，翻炒片刻，再用水淀粉勾芡，淋入芝麻油即可。

孕"孕"小语

准妈妈常吃板栗不仅可健身壮骨，而且有利于骨盆的发育成熟，还有消除疲劳的作用。

培根奶油蘑菇汤

材料：

蘑菇70克，培根25克，紫菜10克，柴鱼片10克，奶油5克，白芝麻10克，牛奶500毫升，面粉15克

调料：

盐2克

做法：

1. 蘑菇洗净，切片；培根切丁；紫菜切小丁。
2. 将蘑菇、牛奶及250毫升水放入果汁机搅打成汁。
3. 锅中加入奶油，煎香培根，再加入面粉炒香，最后放入做法2的食材，熬煮至沸腾。
4. 待沸腾后，加入盐搅拌均匀便可起锅装碗，食用前撒上紫菜、柴鱼片及白芝麻即可。

蘑菇富含18种氨基酸，包括人体自身不能合成、必须从食物中摄取的8种必需氨基酸。

板栗烧鸡

材料：

板栗肉50克，去骨鸡肉300克，葱段20克，生姜片3片

调料：

食用油、绍兴酒、芝麻油、水淀粉各5毫升，酱油15毫升，盐2克，生粉15克

做法：

1. 鸡肉切块，加盐及生粉，腌渍5分钟，备用。
2. 板栗肉洗净，起油锅，将板栗肉炸成金黄色备用。
3. 起油锅，将鸡肉煎至微焦，加板栗肉、葱段、生姜片、酱油及适量清水。
4. 待水滚后，加入绍兴酒，盖上锅盖，焖煮10分钟。
5. 最后以水淀粉勾芡、淋上芝麻油即可。

幸"孕"小语

鸡肉能强壮身体、温补脾胃、益气养血；板栗则养胃健脾、补肾强筋、活血止血。故此菜可补元气、健脾胃。

香煎鸡腿南瓜

材料：

南瓜130克，面粉适量，洋葱50克，去骨鸡腿150克，姜末15克

调料：

米酒、白醋各15毫升，白糖15克，盐、生粉、食用油各适量

做法：

1. 南瓜洗净，去皮后切薄片；洋葱洗净，去皮后切丝；鸡腿肉洗净，切块。

2. 鸡腿肉加入米酒、盐、姜末及生粉，腌渍20分钟。

3. 热油锅，将鸡肉裹上面粉，煎至表面金黄，捞起。

4. 原锅中放入洋葱，加拌匀的白糖、白醋，再放南瓜微炒软，加水焖，最后加入鸡肉拌炒一下，即可。

幸"孕"小语

鸡腿肉蛋白质的含量比例高、种类多，消化率也高，容易被人体吸收利用，有增强体力、强壮身体的作用。

什锦鸡丁

材料： 鸡肉150克，玉米粒75克，豌豆70克，胡萝卜50克，蒜蓉10克

调料： 食用油适量，盐2克，酱油10毫升，米酒、水淀粉各5毫升，胡椒粉5克

做法：

1. 鸡肉切成适当大小，加入酱油、米酒与胡椒粉，腌渍15分钟。

2. 豌豆洗净焯烫；胡萝卜去皮，切丁。

3. 热油锅，爆香蒜蓉，放鸡丁拌炒全变白，放胡萝卜炒至收汁，再放豌豆与玉米粒，最后下盐、水淀粉，拌匀即可。

肉末蒸蛋

材料： 猪绞肉50克，鸡蛋2个，香菜5克
调料： 盐1克，芝麻油5毫升
做法：

1. 鸡蛋打入碗中，加入与蛋液一样多的冷开水、盐，朝同一方向搅拌至均匀；拿出细筛，将蛋汁重复过筛两次备用。

2. 过筛完毕的蛋液中放入猪绞肉，拌匀后上锅，蒸15分钟。

3. 蒸熟后出锅，淋上芝麻油，再撒上香菜即可。

鸡蓉玉米羹

材料：

鸡胸肉300克，玉米粒300克，豌豆100克，鸡蛋1个，鸡汤300毫升

调料：

盐2克，生粉5克

做法：

1. 将鸡肉洗净，切成豌豆般大小。

2. 豌豆、玉米粒分别洗净；鸡蛋打散成蛋液，备用；生粉加水调匀。

3. 取汤锅，将鸡汤煮开，再将鸡蓉、玉米粒、豌豆放入锅中，大火烧开。

4. 接着转小火焖20分钟，再加盐调味。

5. 用水淀粉勾芡后，将打散的蛋液淋入锅中，快速搅拌即可。

幸"孕"小语　食用这道菜，准妈妈可以补充维生素C、胡萝卜素、维生素B_1、维生素B_2以及谷固醇、卵磷脂、维生素E。

珍珠三鲜汤

材料：鸡肉100克，胡萝卜50克，豌豆50克，西红柿100克，蛋白半个

调料：盐2克，生粉5克，芝麻油5毫升

做法：

1. 豌豆洗净；胡萝卜、西红柿分别洗净后切丁；鸡肉洗净，剁成肉泥。

2. 取一碗，把蛋白、鸡肉泥、生粉放在一起搅拌匀，再捏成丸子。

3. 取汤锅，将豌豆、胡萝卜、西红柿放入锅中，加清水煮沸；再放入丸子，煮熟浮起后加盐、芝麻油调味即可。

豉汁马头鱼

材料：马头鱼500克，姜丝、葱丝、红椒丝、香葱条、姜片各少许

调料：蒸鱼豉油10毫升，食用油适量

做法：

1. 将马头鱼、姜片、葱条摆在盘上。

2. 蒸锅上火烧开，放入马头鱼。

3. 盖上锅盖，用大火蒸15分钟，取出蒸好的鱼，拣去姜片和香葱条，摆上葱丝、姜丝、红椒丝，倒入蒸鱼豉油。

4. 锅中倒入食用油，用大火烧热，将热油浇在鱼身上即可。

青柠鳕鱼

材料：

鳕鱼肉1块，柠檬1片，蛋白
1个

调料：

盐3克，生粉10克，黑胡椒5
克，食用油5毫升

做法：

1. 将鳕鱼洗净，加入盐，腌
   渍片刻。

2. 挤出柠檬汁淋在鱼上，接
   着在鱼身上均匀抹上蛋
   白、黑胡椒和一层生粉。

3. 取一锅，倒入油烧热后，
   放入鳕鱼肉块，煎至两面
   金黄，待鱼肉熟透即可出
   锅装盘。

4. 也可视个人口味再淋上柠
   檬汁。

幸"孕"小语

鳕鱼肉味甘美，营养丰富，肉中蛋白
质含量非常高，而脂肪很少，适合孕
晚期的准妈妈食用。

南瓜大枣花生汤

材料： 南瓜片200克，花生20克，大枣6枚，枸杞10克

调料： 蜂蜜15克

做法：

1. 砂锅中注入适量清水，倒入花生、大枣。

2. 盖上盖，大火煮开之后转小火煮10分钟至食材熟软。

3. 揭盖，放入切好的南瓜片、枸杞，拌匀，续煮15分钟至析出有效成分。

4. 倒入蜂蜜，拌匀，盛出煮好的汤，装入碗中即可。

花生和红枣结合，养血补血，适合贫血的准妈妈食用。南瓜与红枣结合，可以补中益气、收敛肺气。

小米红枣粥

材料： 小米30克，红枣3个

调料： 冰糖10克

做法：

1. 红枣去核、洗净，泡入清水；小米淘净后浸泡1小时。

2. 取汤锅，放入5倍于小米的水烧热，待沸腾后，放入冰糖、红枣、小米，再次熬煮至沸腾，盖上盖，焖煮20分钟即可。

煎蛋卷

材料： 鸡蛋2个，海苔片1张，洋葱末5克，葱花5克，胡萝卜末5克

调料： 盐5克，食用油10毫升

做法：

1. 海苔片对切；鸡蛋打散，加洋葱末、胡萝卜末、葱花、盐，搅拌均匀。

2. 起油锅，倒入1/3混合好的蛋液，放上半张海苔片，卷起来，卷一半后再倒入1/3蛋液，放入剩下的半张海苔片，继续卷，卷完后倒入剩下的蛋液，一样卷起来，卷好后取出切厚片即可。

西蓝花虾皮蛋饼

材料： 西蓝花100克，鸡蛋2个，虾皮10克，面粉100克

调料： 盐、食用油各适量

做法：

1. 洗净的西蓝花切成小朵。

2. 取一碗，加入面粉、盐，拌匀，打入一个鸡蛋，拌匀，再打入另一个鸡蛋，加入虾皮、西蓝花，拌匀。

3. 用油起锅，放入面糊，铺平，煎约5分钟至两面金黄色，取出煎好的蛋饼，装入盘中。

4. 将蛋饼放在砧板上，切去边缘不平整的部分，再切成三角状，装入盘中即可。

孕产小语　食用这道菜，准妈妈可以补充维生素K和铁以及维生素B₁₂，宝宝可以补充维生素K和铁。

♥ 乳房肿胀

症状表现

乳房肿胀通常从4～6周开始，持续整个孕早期（孕期前3个月里）。从怀孕8周左右起，孕妇的乳房就会开始变大，并且它们会在整个孕期不断增大。胸罩增加一两号是很正常的事，尤其是在第一次怀孕的时候。由于乳房皮肤被拉伸，孕妇可能会感觉到乳房发痒，甚至出现妊娠纹。在怀孕的第3个月左右，乳房开始产生初乳。乳房胀痛是正常生理现象，若是痛得厉害，可以用一些方法来缓解症状。

缓解方法

选择合适的胸罩	热敷
根据乳房大小选择适当的胸罩以减轻胀痛的感觉，且质地要柔软，乳头附近没有缝线的棉质胸罩会比较舒服，透气性也好。	可用柔软的热毛巾进行热敷、轻轻擦拭等，以缓解乳房的不适感。

宜吃食物

燕麦	紫薯	包菜
紫甘蓝	草莓	葡萄

包菜卷

材料： 包菜叶6片，猪绞肉300克，马蹄50克

调料： 米酒5毫升，芝麻油5毫升，白胡椒粉5克，盐2克

做法：

1. 马蹄洗净，切碎末；包菜叶洗净，切去老梗，放入滚水中煮软，备用。
2. 猪绞肉中加马蹄末、盐、白胡椒粉、米酒、芝麻油搅匀，至食材发黏。
3. 取包菜叶，铺上馅料，包成长方形。
4. 将包菜卷放入锅中，蒸熟即可。

燕麦南瓜粥

材料： 燕麦20克，白米粥150克，南瓜100克

调料： 冰糖10克

做法：

1. 燕麦洗净，泡入清水30分钟备用。
2. 将南瓜洗净，削皮、切片。
3. 热水锅，将南瓜和白米粥放入锅中一起熬煮。
4. 待南瓜熟透后，再加入冰糖及燕麦，调匀即可。

♥ 牙龈出血

症状表现

　　孕期激素水平的改变，是导致牙龈松软、肿胀的主要原因。由于孕妇体内雌激素、孕激素增多，牙龈毛细血管扩张、弯曲，弹性减弱，以致血流瘀滞及血管壁渗透性增加，出现牙龈浮肿、脆软，牙齿之间的龈乳头更明显，呈紫红色凸起，轻轻一碰，就会出血，当孕妇缺乏维生素C时症状更严重，医学上称之为"妊娠期牙龈炎"。

缓解方法

养成刷牙习惯	正确刷牙	爱护牙龈
养成每日早晚正确刷牙、饭后漱口的好习惯。	每次进食后都用软毛牙刷刷牙，刷时注意顺牙缝刷，尽量不碰伤牙龈，不让食物碎屑嵌留。	每天按摩牙龈3次，挑选质软、不需多嚼和易于消化的食物，以减轻牙龈负担，避免损伤牙龈。

宜吃食物

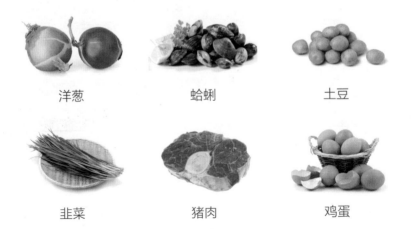

洋葱	蛤蜊	土豆
韭菜	猪肉	鸡蛋

玉米洋葱煎蛋烧

材料：

玉米粒120克，洋葱末35克，鸡蛋3个，青豆55克，红椒圈、香菜碎各少许

调料：

盐少许，食用油适量

做法：

1. 锅中注清水烧开，倒入青豆、玉米粒焯一会，捞出，沥干水分，待用。

2. 取碗，打入鸡蛋搅匀，再倒入焯过的材料，撒上洋葱末，搅散、拌匀，加盐，制成蛋液，待用。

3. 起油锅，倒入蛋液，摊开、铺匀，煎成饼型。

4. 放入红椒圈，小火煎出香味；再翻炒蛋饼，转中火煎至两面熟透，装盘，分小块，撒上香菜碎即可。

鸡蛋可以为准妈妈提供营养，促进牙龈的恢复。

♥ 小腿抽筋

症状表现

　　孕中期准妈妈发生小腿抽筋是一种正常的生理现象，很多准妈妈经常会在熟睡中因为腿部抽筋而惊醒，有时甚至会严重影响睡眠质量。小腿抽筋多是由缺钙造成的，这也是身体在提醒准妈妈需要补钙了，否则，可能会影响准妈妈自身健康及胎宝宝骨骼发育问题。另外，很多上班族准妈妈由于久坐久站压迫到下腔静脉，进而导致下肢血运不畅，也会发生腿部抽筋。

缓解方法

饮食补钙	艾灸
在饮食中有意添加富含钙的食物，还要摄入一些富含维生素D的食物，有利于钙的吸收。	学习艾灸按摩小腿穴位，缓解小腿抽筋。

宜吃食物

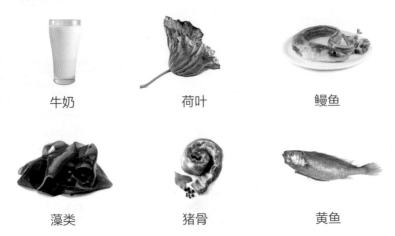

牛奶　　　　　　　荷叶　　　　　　　鳗鱼

藻类　　　　　　　猪骨　　　　　　　黄鱼

糖醋黄鱼

材料：

鲜黄鱼1条，豌豆20克，胡萝卜丁20克，笋丁20克，葱末10克

调料：

生粉5克，水淀粉5毫升，食用油适量，米酒5毫升，白糖2克，醋5毫升，酱油10毫升

做法：

1. 将黄鱼洗净、处理好，在鱼身两面划上花纹、拍上生粉，放入油锅炸至外皮酥脆，捞起沥干油，放入盘中备用。

2. 另起油锅，放入豌豆、胡萝卜丁、笋丁略炒。

3. 加葱末、白糖、醋、酱油、米酒、适量水煮沸，用水淀粉勾芡，做成汁。

4. 将汁浇在鱼身上即可。

幸"孕"小语

黄鱼鱼肉组织柔软，易于消化吸收，对人体有很好的补益作用，可护肝、安定神经、改善睡眠、增强免疫力。

♥ 腹胀

症状表现

胎儿的不断增长会使子宫压迫胃肠道，胃肠道在受到压迫后会影响其中内容物及气体的正常排解，引起腹胀。妊娠期，准妈妈体内孕激素的增加，可以抑制子宫肌肉的收缩以防止流产，但同时也会使人体的肠道蠕动减慢，造成便秘，进而引起腹胀等不适。另外，准妈妈大量进补，会造成食物堆积在胃肠内不易消化。

缓解方法

少食多餐	细嚼慢咽	适量运动
不要一次性吃得过饱，以减轻腹部饱胀感。	多喝温开水，多补充富含纤维素的食物，避免食用产气食物。	保持愉快的心情，多参加运动，如散步等，以促进肠胃蠕动，帮助排便、排气。

宜吃食物

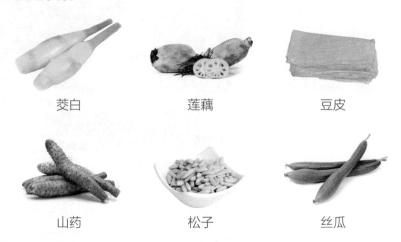

茭白　　　　　　　　莲藕　　　　　　　　豆皮

山药　　　　　　　　松子　　　　　　　　丝瓜

桂花藕片

材料： 莲藕330克，圆糯米50克，莲子25克

调料： 蜂蜜20克，冰糖10克，水淀粉15毫升，桂花酿10克

做法：

1. 莲藕切去一端藕节；糯米浸泡2小时，晾干，塞入莲藕孔内，使糯米填满。

2. 将莲藕摆入碗中，蒸熟后切大片。

3. 莲子放入沸水与冰糖、桂花酿一起煮滚，再用水淀粉勾芡，淋在藕块上，再淋上蜂蜜即可。

鸡肉山药粥

材料： 山药50克，枸杞20克，熟松子20克，鸡胸肉70克，大米50克

调料： 盐1克

做法：

1. 将鸡胸肉洗净、切丁，余烫备用。

2. 大米洗净；山药去皮、洗净，切块。

3. 加入500毫升清水至锅中，再将大米、鸡肉、山药一起放入，用大火煮开，接着转小火，将米粒煮熟。

4. 关火前放入枸杞、盐拌匀，再撒上松子即可。

♥ 浮肿

症状表现

　　一般的孕期浮肿是正常现象，多与营养不良、贫血等有关。判断是否为一般性浮肿，主要看浮肿的程度，一般超过膝盖则为异常，或者孕妇休息后浮肿还未消退，同时还伴有心悸、气短、四肢无力等症状，则需上医院检查。

缓解方法

侧卧	避免久坐久站	保暖
保持侧卧的睡姿，并保证充分的休息时间。	经常改换坐立姿势，保持步行时间适中。	注意保暖，且不穿过紧的衣服，以免影响血液循环。

控制摄入盐量	食用利尿的食物	摄入蛋白质
不吃过咸的食物，每日食盐量以5克以内为宜。	利水消肿的食物可帮助身体排出多余水分。	营养不良引起的水肿时，要保证进食足够的蛋白质。

宜吃食物

冬瓜	胡萝卜	鲤鱼
鸭肉	黑豆	莲子

回锅鸭肉

材料： 鸭肉300克，竹笋100克，西蓝花50克，青椒40克，红椒40克

调料： 白糖、盐、辣椒酱各3克，水淀粉、食用油、米酒各5毫升，酱油15毫升

做法：

1. 鸭肉加盐和米酒入滚水汆烫、去腥。
2. 竹笋切片；西蓝花及双椒切块。
3. 起油锅，放入西蓝花、笋片以及辣椒酱、白糖、酱油和15毫升水炒匀。
4. 接着放入鸭肉，用水淀粉勾芡后，加入青椒、红椒一起炒熟即可。

虾皮冬瓜

材料： 冬瓜250克，虾皮、姜末各10克
调料： 盐1克，食用油、米酒各5毫升
做法：

1. 将冬瓜去皮、去籽后洗净，切成小块备用。
2. 起油锅，放入姜末和冬瓜块翻炒，炒至冬瓜块半熟。
3. 加虾皮、盐、米酒及少量清水搅匀，盖上锅盖，转小火焖至入味即可。

♥ 痔疮

症状表现

　　怀孕后，随着胎宝宝不断长大，准妈妈逐渐膨大的子宫会影响自己盆腔内静脉血液的回流，使肛门周围的静脉丛发生瘀血、凸出，从而形成痔疮。

缓解方法

不久坐	增加提肛运动的频率
尤其是不长时间坐沙发。	每天有意识地做提肛运动3~5组，每组30下。

平时多饮水	养成定时排便的良好习惯
晨起后空腹喝一杯温水有助于排便。	多吃富含纤维素的新鲜水果，以利于大便通畅。

宜吃食物

全麦面包　　　　红薯　　　　　豆芽

菜花　　　　　　银耳　　　　　茄子

凉拌银耳

材料： 银耳50克，豆苗30克

调料： 盐2克，芝麻油5毫升

做法：

1. 将银耳泡发后去蒂，洗净，接着撕成小朵后过水沥干。

2. 豆苗洗净，过热水焯烫后沥干备用。

3. 另取一锅烧水加热，加入盐、银耳煮沸，捞出盛入碗内待凉。

4. 最后放上豆苗，加盐搅拌匀，淋上芝麻油即完成。

双色花菜

材料： 西蓝花150克，花菜100克，蒜末5克

调料： 盐5克，食用油5毫升，水淀粉10毫升

做法：

1. 将西蓝花和花菜洗净，备用。

2. 将西蓝花和花菜放入添加少许盐的沸水中焯烫，捞出待凉备用。

3. 锅中倒入食用油烧热，放入蒜末爆香后，再放入西蓝花和花菜翻炒熟。

4. 最后加盐调味，用水淀粉勾芡即可。

♥ 学算怀孕周，推算预产期

由于末次月经的第一天比较好记忆，医生计算孕周时，通常从末次月经第一天开始计算，整个孕期是9个月零7天，共280天。按每7天为一个孕周，共计40个孕周。每28天为一个孕月，共计10个孕月。

准妈妈可能会有疑问，如何确定是来月经的那天怀孕的。通常来说，怀孕要在月经后的14天左右，于是就有受精龄的问题。受精龄是从受精那天开始算起，即280减去14，共266天，38个孕周。

对月经不准的准妈妈，胎龄往往会和实际的闭经时间不一样，需要结合B超、阴道检查发现怀孕的时间、早孕反应的时间、胎动的时间等指标来进行科学推断。

准妈妈该知道的数字	
胎儿在母体内生长的时间	40周，即280天
预产期计算方法	末次月经首日加7，月份加9或减3
妊娠反应出现时间	停经40天左右
妊娠反应消失时间	妊娠第12周左右
自觉胎动时间	妊娠第16～20周
胎动正常次数	每12小时30～40次，不应低于10次。早、中、晚各测1小时，将测得的胎动次数相加乘以4
早产发生时间	妊娠第28～37周
胎心音正常次数	每分钟120～160次
过期妊娠	超过预产期14天
临产标志	见红、阴道流液、腹痛，每隔5～6分钟子宫收缩1次，每次持续30秒以上
产程时间	初产妇12～16小时，经产妇6～8小时

♥ 怀孕1～3个月计划一览表

时间	孕期计划	执行方案	备注
第1个月	怀孕早发现	继续观测基础体温和身体的异常反应	
	远离会对宝宝造成危害的环境或事物	远离电磁污染，减少电脑、微波炉、手机的使用频率	
	补充营养	注意均衡饮食，保证充足蛋白质、维生素、钙、铁等营养素的供给	正常的运动和休息也是必要的
	了解宝宝和自己身体的变化	阅读有关胎儿生长和孕妇保健的书籍，或与医生交流，以便随时了解宝宝在体内的发育情况和自己的生理变化	
	以好心情欢迎宝宝的到来	营造良好的家庭环境和氛围，以积极乐观的心态面对早孕反应	
	学点胎教常识	可向保健医师咨询或购买胎教方面的读物	要注意科学性和实用性
第2个月	减缓早孕反应	避开刺激物，保持平和、乐观的心态，坐、卧、站都尽量保持舒适的姿势	谨慎使用药物
	减少家务和工作量	与上司和同事协商减轻工作量，家务活不妨让准爸爸多分担一点	
	缓解烦恼	找一些释放情绪的方法，如听音乐、插花、写日记	
	注意出行安全	选择合适的交通工具，遵守交通规则	错开上下班高峰期
	选择舒适宽松的衣物	衣服应适当宽松些，鞋袜以舒适为佳	可在办公室放一双拖鞋
	做第一次孕期检查	全套检查，了解胎儿的发育情况	
第3个月	安胎	多吃一些具有安胎养血功效的食物，一旦出现异常情况应立即就医	
	缓解胸部肿胀	使用适合孕妇的乳罩，并不时更换，还可在医生的指导下学习简单的按摩操	不要因各种不适症状而给自己造成心理压力和负担
	预防水肿	减少食盐量，控制钠的吸收，同时要避免久坐不动	从现在开始预防，可减轻孕中期的水肿痛苦
	关注口腔健康	坚持每日有效刷牙2次，少吃甜食，多吃富含维生素C的水果和蔬菜	不得进行拔牙、洗牙之类的治疗

❤ 怀孕4~6个月计划一览表

时间	孕期计划	执行方案	备注
第4个月	补充营养	在坚持均衡膳食的前提下，需重点补充蛋白质、维生素、钙、铁	适当晒晒太阳，促进钙的吸收
	适度运动	可以选择动作幅度小、安全性高的运动，如散步、孕妇保健操	根据自己的身体状况量力而行
	预防阴道炎	保持外阴部的清洁，选择柔软、透气的内裤，洗后最好在日光下晒干	
	留意体重变化	孕中期在补充营养的同时，也要避免体重增加过多或过快	体重增加是正常生理现象，不可刻意减肥，更不能药物减肥
	准备孕妇装	以宽大为原则，衣料应轻柔、耐洗、透气	合适的孕妇装会使你更美丽
第5个月	胎教	准妈妈不要错过胎教的好时机，可以配合音乐、语言触摸胎儿	准爸爸一同参与，效果会更好
	孕期检查	了解宝宝的发育情况和自己的生理状况	
	做好乳房保健	休息时应取下乳罩，防止乳房受外伤、挤压和感染，每日用温水擦洗乳头一次	可预防乳房炎症，预防妊娠期乳腺炎
	应对皮肤变化	保持皮肤的清洁，尽量避免使用刺激性洗护用品	注意饮食，多吃富含维生素C和蛋白质的食物
	留下孕期美好回忆	准备一次孕期旅行或拍一套孕期写真照	安排旅行前最好先确定自己是否适合旅游
第6个月	预防贫血、便秘、腰痛、感冒和意外伤害	定期做产前检查，了解血压和血液铁质含量是否正常；饮食适量补充富含铁、纤维素、维生素C的食物	准妈妈的生活起居、饮食都要十分小心
	选择正确的睡眠姿势	尽量选用以侧卧位睡眠，尤以朝左侧卧位为好	可为自己准备一个合适的孕妇枕
	避免眩晕	避免长时间保持同一坐姿或站姿，起床、坐姿站起，动作都要轻慢	
	安全运动	运动量要减小一点，可选择爬楼梯、散步或有氧操	运动前后及时补充食物和水分，并做好暖身运动

♥ 怀孕7～10个月计划一览表

时间	孕期计划	执行方案	备注
第7个月	缓解妊娠水肿	白天用小凳子把双脚垫高，夜间则用枕头；增加活动量，如多走路	肿胀越来越严重，并伴有头晕等，应及时就医
	做好准备	通过书籍、培训课程了解分娩过程，平时还可以做有助于分娩的简单运动	预防早产
	定期进行体检	继续关注宝宝的生长发育和自己体重的增长情况	如果体重增长较快，应注意控制高脂饮食
第8个月	使乳腺管畅通	从32周起要挤出初乳	留意是否有子宫收缩反应
	计划产假	了解公司的产假制度，做好工作交接、产后修养等全面准备	与公司、同事、家人做好沟通
	缓解腰痛	平卧睡觉时，可在膝关节下垫软枕，避免穿高跟鞋	绝大部分不需要治疗，分娩后就会消失
	关注宝宝胎位	这时的胎宝宝可以自己在妈妈肚子里变换体位，胎位并没有完全固定	如需矫正胎位，产科医生会给你适当的指导
第9个月	预防下肢静脉曲张	多走动，以促进血液循环；穿着宽松的衣物，避免长时间的站立或坐着	大多在孕后期出现，产后数月会自行消失
	做好胎心监护	孕32周即可开始监护，正常妊娠从36周开始，每周1次，每次20分钟	饥饿、疲劳、情绪紧张都会影响结果的可靠性
	了解一些生产知识	包括什么是宫缩、见红，该如何处理等临产知识，分娩的征兆、分娩的过程	
	产前检查	每2周检查1次，以防高危情况	
	准备分娩用品	要将孩子衣、食、住、用的用具准备就绪；准备好分娩要用到的证件、生活用品	最好将这些物品有序放在准备好的待产包里
第10个月	随时做好入院的准备	安心待在家里，密切关注自己身体的变化，做到心中有数	
	选择分娩方式	了解不同分娩方式的优劣，结合医生的建议，选择适合自己的分娩方式	事先和家人商量好
	消除紧张情绪	提前熟悉分娩环境，多和过来人交流	

Chapter

产后篇：
坐好月子提供健康母乳

产妇在生产过程中，血液、含氧量与体力都大量消耗，易出现气血不足的现象，身体虚弱、易寒冷，肠胃也更敏感，产后还会伴随出汗和一定的恶露排出，同时损失一部分营养。因此，产后的身体调理至关重要。调理身体，饮食是关键。补充合理的营养素有助于产后身体的恢复，也可间接预防多种产后疾病，使妈妈宝宝都健康。

坐月子期间产妇一定要注意饮食，除了对母体的影响外，新生儿的主要营养来源来自于母乳。母乳是宝宝最好的食物，可保障婴儿健康成长，促进婴儿智力开发，增强婴儿对疾病的抵抗力等，其营养成分对婴儿的生长发育最适宜，是任何食物都无法替代的。所以，这段时期一定要避免吃到一些对自身健康及婴儿生长都不利的食物。

♥ 产妇的饮食宜忌

主食种类多样化

五谷杂粮和白米、面粉都要吃，而且五谷杂粮营养价值更高，比如小米、玉米粉、糙米等，所含的维生素B群都要比白米、精致面粉高出好几倍。

多吃蔬果

蔬菜和水果既可提供丰富的维生素、矿物质，又可提供足量的膳食纤维，以防产后便秘。

早餐要吃好

有些产妇由于起夜喂奶等原因，打乱了正常的生活规律，导致睡眠不足、食欲不振，因此早餐常常被忽略。其实，哺乳期妈妈的早餐是非常重要的，不仅要吃，还要吃好。产妇进食营养丰富均衡的早餐既有利于身体的恢复，也有利于哺乳，对妈妈和宝宝都是非常有好处的。

进食各种汤饮

汤类味道鲜美，且易消化吸收，还可以促进乳汁分泌，如红糖水、鲫鱼汤、猪蹄汤、排骨汤等，但需汤肉同吃。红糖水的饮用时间不能超过10天，因为时间过长，反而会使恶露中的血量增加，使妈妈处于一种慢性失血状态而发生贫血。

注意补钙

产后妈妈，特别是哺乳的妈妈，每天大约需摄取1.200毫克钙，才能使分泌的每升乳汁中含有300毫克以上的钙。乳汁分泌量愈大，钙的需要量就愈大。同时，哺乳妈妈产后体内雌激素水平较低，泌乳素水平较高，月经未复潮前，骨骼更新钙的能力较差，乳汁中的钙往往会消耗过多身体中的钙。这时，如果不补充足量的钙，就容易引起妈妈腰酸背痛、腿脚抽筋、牙齿松动、骨质疏松等"月子病"，还会导致婴儿发生佝偻病，影响体格生长和神经系统的发育。

马上节食

哺乳中的产妇不可节食，产后所增加的体重主要为水分及脂肪，如果要哺乳，这些脂肪根本就不够，产妇还必须多补充含钙丰富的食物，每天最少要吸收2900千卡左右的热量。

滋补过量

分娩后产妇为了哺乳需要摄取充分的营养，但滋补过量容易导致肥胖。此外，营养过剩会使乳汁中的脂肪含量增加，即使婴儿肠胃能够吸收也容易造成肥胖，或者罹患扁平足这类的疾病；若婴儿消化能力较差，不能充分吸收，就会出现腹泻症状，导致营养不良。

吃硬、咸、生冷的食物

产妇身体还相对虚弱，活动量也比较小，吃硬的食物很容易造成消化不良。咸食中含有比较多的盐，容易引起体内水钠潴溜，造成水肿；夏季坐月子的产妇大多喜欢冰淇淋、冰镇饮料和过凉的拌菜等，但过早食用这些食物不仅会影响牙齿和消化功能，还容易损伤脾胃。

吃酸辣食物或过量甜食

酸辣食物会刺激产妇虚弱的胃肠而引起诸多不适；吃过量甜食不仅会影响食欲，还可能使热量过剩而转化为脂肪，引起身体肥胖。

食用过量的鸡蛋

分娩后数小时内，最好不要吃鸡蛋。因为在分娩过程中，产妇体力消耗大，出汗多，体液不足，消化能力也随之下降。若分娩后立即吃鸡蛋，就难以消化，会增加胃肠负担，甚至容易引起胃病。同时，在整个坐月子期间，也忌多吃鸡蛋，因为摄取过量蛋白质会在肠道产生大量的胺、酚等化学物质，对人体的毒害很大，容易出现腹部胀闷、头晕目眩、四肢乏力、昏迷等症状，导致"蛋白质中毒症候群"。一般产妇每天仅需要蛋白质100克左右，因此，每天吃1个鸡蛋就足够。

喝高脂肪的浓汤

脂肪过量易影响食欲和体重，高脂肪也会增加乳汁的脂肪含量，使新生儿无法吸收而引起腹泻，因此，产妇宜喝些鱼汤、蔬菜汤等清淡营养的补汤，避免饮用高脂肪类的浓汤。

● 产妇正确的进餐顺序

月子期需加强饮食营养，尤其是分娩后的几天，产妇在消化功能逐渐旺盛的情况下，应多吃一些营养丰富的食物来满足身体所需，通过合理的饮食调养，恢复健康和美丽。产妇在进食的过程中，可按照"汤—蔬菜—饭—肉"的顺序进行，这样才能使营养更好地被消化吸收，更有利于身体的恢复。

产妇一边吃饭一边喝汤的做法是不对的，因为汤会冲淡胃酸，容易阻碍胃部的正常消化。由于月子餐要比平时吃得多一些，更需要大量的胃酸，所以饭前喝汤较为适宜。而米饭、肉类等淀粉及含蛋白质成分的食物需要在胃里停留1~2小时甚至更长时间，因此要在汤后食用。如果产妇要进食水果，则应在饭后半小时食用，以免影响消化和吸收。

❤ 产妇需要重点补充的营养素

热量

产妇每日需要的热能高达2990～3990千卡，可适量多吃含糖丰富的食物，如大米、小米等，同时还需摄入猪瘦肉、牛肉、鸡肉等动物性食品和芝麻、松子等坚果类食品，以满足身体所需。

蛋白质

产后体质虚弱，生殖器官复原和脏腑功能康复需要大量的蛋白质。蛋白质含大量的氨基酸，是修复组织器官的基本物质。因此，产后妈妈每日对蛋白质的需求要比正常女性多，为90～100克。鸡蛋、猪瘦肉、牛肉、鱼类、豆制品等，都是含蛋白质丰富的食物。

维生素

产后除维生素A需求量增加较少外，其余各种维生素需求量均较未孕时增加1倍以上。因此，产后的膳食中各种维生素必须增加，以维持产妇的自身健康，促进乳汁分泌，满足婴儿生长需要。含维生素丰富的食物有大白菜、胡萝卜、茄子、西红柿、苹果、葡萄、豆类等。

矿物质

矿物质是构成人体组织和维持正常生理活动的重要物质。若产妇乳汁中的矿物质含量较少，自身储备的矿物质就会被乳汁吸收。因此，摄入充足的矿物质，才能保证妈妈的健康和宝宝的正常发育。产妇可食用草莓、麦芽、金枪鱼、牛肝脏、黄瓜、青豆、小扁豆和其他豆类等富含矿物质的食物。

水分

产妇在分娩过程中会因失血等原因而流失较多的体液，分娩后子宫需要修复，乳汁的分泌也要有充足的液体。而且对于刚分娩的产妇来说，其基础代谢高、身体较弱、出汗较多，更应补充水分。

开心果西红柿炒黄瓜

材料： 开心果仁55克，黄瓜90克，西红柿70克

调料： 盐2克，橄榄油适量

做法：

1. 将洗净的黄瓜去除瓜瓤，斜刀切段；洗好的西红柿切小瓣。

2. 热油锅，倒入黄瓜段、西红柿瓣，翻炒一会儿，至其变软。

3. 加入盐，炒匀调味，再撒上备好的开心果仁。

4. 用中火翻炒一会儿，至食材入味，盛出炒好的菜肴，装在盘中即可。

幸"孕"小语 黄瓜和西红柿都能够消炎清热，能够缓解乳腺炎。

清蒸鸡汁丝瓜

材料：

丝瓜200克，鸡汤100毫升，
红椒50克，蒜头2瓣

调料：

盐2克，食用油5毫升

做法：

1. 丝瓜洗净、去皮，切段，
   再切成片，放入碗中。

2. 将红椒洗净、去籽，切成
   丝，放在丝瓜上。

3. 再将大蒜切成末，撒在丝
   瓜与红椒丝上。

4. 菜肴撒上盐，接着淋上鸡
   汤和食用油。

5. 蒸锅加水烧开，将菜碗放
   入，猛火蒸3分钟即可。

 丝瓜性属甘凉，具有清热消暑、止咳化痰、祛斑美白、凉血解毒、通经络、利血脉、下乳汁的作用。

娃娃菜萝卜汤

材料：娃娃菜200克，胡萝卜80克，豆腐200克，香菜末10克，葱段20克

调料：食用油5毫升，盐2克

做法：

1. 将娃娃菜、豆腐、胡萝卜去皮、洗净，切长条，焯烫后捞出备用。

2. 起油锅烧至五成热，先放入葱段爆香，再倒入500毫升水，接着将胡萝卜、豆腐放入锅中一起煮。

3. 以大火煮开后，再加入娃娃菜。

4. 待再次煮开后，转小火煮至胡萝卜熟透，再加入盐和香菜末即可。

娃娃菜富含维生素A、维生素C、维生素B族、钾、硒等营养素，其中异硫氰酸盐有着抗肿瘤活性的作用。

豆浆上海青汤

材料： 上海青200克，豆浆200毫升，葱10克，生姜10克

调料： 盐2克，食用油5毫升

做法：

1. 将上海青洗净，切段；生姜洗净，切片；葱切成段，备用。
2. 热油锅，放入姜片和葱段爆香。
3. 再放入上海青炒匀，再加入盐调味。
4. 捞去姜片和葱段，接着倒入豆浆，以小火烧开即可。

西红柿豆芽汤

材料： 西红柿50克，绿豆芽15克

调料： 盐2克

做法：

1. 洗净的西红柿切成瓣，待用。
2. 砂锅中注入适量清水，用大火烧热。
3. 倒入西红柿、绿豆芽，加入盐。
4. 搅拌匀，略煮一会儿至食材入味，将煮好的汤料盛入碗中即可。

西红柿面片汤

材料： 西红柿90克，馄饨皮100克，鸡蛋1个，姜片、葱段各少许

调料： 盐2克，食用油适量

做法：

1. 将备好的馄饨皮沿对角线切开，制成生面片；洗好的西红柿切小瓣。

2. 把鸡蛋打入碗中，搅散，调成蛋液，待用。

3. 用油起锅，放入姜片、葱段，爆香，拣出姜、葱；倒入西红柿、清水，煮至汤水沸腾，倒入生面片，拌匀，煮至食材熟透。

4. 倒入蛋液，拌至液面浮现蛋花，加入盐，拌匀调味，盛出煮好的面片，装在碗中即可。

西红柿有消炎的作用，能够缓解和预防乳腺炎。

三鲜焖豆腐

材料:

里脊、豆腐各150克,胡萝卜、木耳各50克,香菜、葱末、姜末各10克,鸡蛋1个

调料:

盐3克,胡椒粉5克,芝麻油5毫升,白糖2克,水淀粉15毫升,食用油适量

做法:

1. 豆腐切丁,用盐水煮开,再泡入盐凉水中;里脊、胡萝卜、木耳切丁。

2. 热油锅,爆葱末、姜末,放肉丁、胡萝卜和木耳翻炒,再加清水及豆腐丁。

3. 大火煮开后转小火炖15分钟,加盐、胡椒粉、白糖调味,再以水淀粉勾芡。

4. 打入鸡蛋,炒匀,淋上芝麻油、撒上香菜即可。

幸"孕"小语

豆腐可防衰老,预防心血管疾病和老年痴呆症,降低胆固醇,和三鲜一起可生津开胃、稳定不良情绪。

大枣枸杞蒸猪肝

材料： 猪肝200克，大枣6颗，枸杞10克，葱花3克，姜丝5克

调料： 盐、生抽、料酒、干淀粉、食用油各适量

做法：

1. 将洗净的大枣切开，去除果核；洗好的猪肝切片。

2. 把猪肝倒入碗中，加入料酒、生抽、盐、姜丝、干淀粉、食用油，拌匀，腌渍约10分钟。

3. 取蒸盘，放入腌渍好的猪肝，放上切好的大枣，撒上洗净的枸杞，摆好造型。

4. 备好电蒸锅，烧开水后放入蒸盘，蒸约10分钟，至食材熟透，取出蒸盘，趁热撒上葱花即可。

这道菜有利于补充乳汁中的营养素，妈妈和宝宝都可以补充矿物质和维生素A。

寿喜烧

材料： 牛肉片100克，豆腐80克，娃娃菜80克，芋头30克，白萝卜50克，鲜香菇25克，蛋饺50克，鸡蛋1个，葱段20克

调料： 白糖45克，日本酱油100毫升，料酒50毫升，食用油适量

做法：

1.取小碗，放入日本酱油、料酒、白糖和50毫升清水，搅匀成酱汁。

2.将葱段、芋头、白萝卜及香菇放入锅中略炒后，倒入酱汁同煮入味。

3.接着加入豆腐、娃娃菜、蛋饺，煮至芋头及萝卜软烂。

4.最后加入牛肉片、打入鸡蛋，煮至肉片熟后即可。

芋头中氟的含量较高，具有洁齿防龋、保护牙齿的作用；还可作为防治癌瘤的常用药膳主食。

圣女果芦笋鸡柳

材料： 鸡胸肉220克，芦笋100克，圣女果40克，葱段少许

调料： 盐、料酒、水淀粉、食用油各适量

做法：

1. 洗净的芦笋用斜刀切长段；洗好的圣女果对半切开；洗净的鸡胸肉切条形。

2. 把鸡肉条装入碗中，加入盐、水淀粉、料酒，搅拌一会儿，再腌渍约10分钟。

3. 热锅注油，烧至四五成热，放入鸡肉条，搅动，散开，再放入芦笋段，拌匀，炸至食材断生后捞出，沥干油。

4. 用油起锅，放入葱段，爆香，倒入炸好的材料，放入圣女果、盐、料酒、水淀粉，炒至熟软即可。

孕"孕"小语

这道菜可以促进妈妈排气，妈妈可以补充糖类和膳食纤维，宝宝可以补充膳食纤维。

可乐鸡翅

材料：

鸡翅3个，葱段10克，生姜3片，丁香5克，八角1/2个，花椒5克，桂皮5克，可乐150毫升

调料：

淡色酱油15毫升，食用油5毫升

做法：

1. 鸡翅氽烫2分钟后捞出，沥干备用。

2. 锅中注油烧至四成热时，放入丁香、八角、花椒、桂皮、生姜片和葱段，再倒入鸡翅翻炒一下。

3. 倒入15毫升清水和可乐、淡色酱油，盖上盖子，以中火焖煮3分钟。

4. 待汤汁浓稠，将鸡翅拌炒均匀即可。

幸孕小语

鸡翅可温中益气、补精添髓、强腰健胃，其胶原蛋白含量丰富，对于保持皮肤光泽、增强皮肤弹性均有好处。

黄芪鸡汤

材料： 鸡肉块550克，陈皮、黄芪、桂皮各适量，姜片、葱段各少许

调料： 盐2克，料酒7毫升

做法：

1. 锅中注入清水烧开，放入鸡肉块，拌匀，汆一会儿，淋上3毫升料酒，去除血水，捞出，沥干水分。

2. 砂锅中注入清水烧热，放入黄芪，撒上姜片、葱段、桂皮、陈皮、鸡肉块、4毫升料酒，拌匀。

3. 盖上盖，大火烧开后改小火煮约55分钟，至食材熟透。

4. 揭开盖，加盐拌匀调味，略煮，至汤汁入味，盛出，装在碗中即可。

孕"孕"小语　这款汤有助于气血运行和胞宫余浊的排出，妈妈可以补充蛋白质和脂肪。

陈皮银耳炖乳鸽

材料：乳鸽600克，水发银耳5克，水发陈皮2克，高汤300毫升，姜片、葱段各少许

调料：盐3克，料酒适量

做法：

1.锅中注入清水烧开，倒入乳鸽，略煮一会儿，捞出氽好的乳鸽，放入炖盅里。

2.加入姜片、葱段、银耳、陈皮、高汤、盐、料酒，盖上盖。

3.蒸锅中注入适量清水烧开，放入炖盅。

4.盖上盖，炖2小时至食材熟透，取出炖盅，待稍微放凉即可。

鸽肉富含粗蛋白质、少量无机盐和丰富的软骨素，可增加皮肤弹性，改善血液循环，可加快伤口愈合。

三文鱼鲜蔬沙拉

材料： 三文鱼150克，嫩黄瓜1根，苹果100克，橘子2个，生菜、红甜椒各40克

调料： 盐1克，黑胡椒粒5克，橄榄油10毫升，橘子汁15毫升，沙拉酱15克

做法：

1. 三文鱼撒上黑胡椒粒、橄榄油及盐，腌渍10分钟，再放入蒸锅蒸熟。

2. 将蒸熟的三文鱼取出，切成小块备用。

3. 将黄瓜、苹果、红椒分别洗净，切成小块。

4. 15分钟后捞出，撕成小片。

5. 将所有食材均匀混合，接着淋上橘子汁、挤上沙拉酱即可食用。

幸"孕"小语　三文鱼可维持钾钠平衡，消除水肿；其高蛋白还可提高免疫力，保护血管的弹性，调低血压，缓冲贫血。

茭白鲈鱼汤

材料：

茭白200克，鲈鱼250克，西红柿100克，木耳50克，葱段10克，生姜片3片

调料：

食用油5毫升，米酒15毫升，盐3克

做法：

1. 鲈鱼洗净，仔细擦干鱼身水分。

2. 茭白去皮，切滚刀块；西红柿和木耳洗净，切块。

3. 热油锅，放入鲈鱼煎至两面金黄，接着下葱段、生姜片略炒，再放入茭白、西红柿和木耳拌炒均匀。

4. 倒入500毫升清水及米酒，大火煮滚后，盖上锅盖以小火慢炖15分钟。

5. 起锅前加入盐即可。

孕小语 茭白含维生素B₁、维生素B₂、维生素E、胡萝卜素和矿物质等，味道鲜美，营养价值高，易为人体所吸收。

红腰豆鲫鱼汤

材料： 鲫鱼300克，熟红腰豆150克，姜片少许

调料： 盐2克，料酒适量，食用油适量

做法：

1. 用油起锅，放入处理好的鲫鱼。

2. 注入清水，倒入姜片、红腰豆，淋入料酒。

3. 加盖，大火煮17分钟至食材熟透。

4. 揭盖，加入盐，稍煮片刻至入味，将煮好的鲫鱼汤盛入碗中即可。

 "幸孕"小语   饮用这款汤，红腰豆和鲫鱼都能促进产后乳汁的分泌。

草菇丝瓜蒸虾球

材料： 丝瓜130克，草菇、虾仁各90克，胡萝卜片、姜片、蒜末、葱段各少许

调料： 盐、蚝油、料酒、水淀粉、食用油各适量

做法：

1. 洗净的草菇切成小块；洗净去皮的丝瓜切成小段；洗净的虾仁由背部切开，去除虾线，加入盐、水淀粉、食用油，拌匀，腌渍约10分钟至入味。

2. 草菇焯水后捞出。

3. 用油起锅，放入胡萝卜片、姜片、蒜末、葱段，爆香。

4. 倒入虾仁炒熟，淋入料酒，倒入丝瓜、草菇，炒至熟软，加入水、蚝油、盐、水淀粉，炒熟，盛出炒好的菜肴即成。

幸孕小语

这道菜能够起到催乳的作用，妈妈可以补充矿物质，宝宝可以补充大量的膳食纤维。

鲜虾烧鲍鱼

材料： 基围虾180克，鲍鱼250克，西蓝花100克，葱段、姜片各少许

调料： 海鲜酱、盐、蚝油、料酒、蒸鱼豉油、水淀粉、食用油各适量

做法：

1. 从鲍鱼上取下鲍鱼肉，刮去表面污渍，放水中浸泡。

2. 锅中注水烧开，放入鲍鱼肉、料酒，汆水片刻。

3. 锅中放基围虾，煮至虾身弯曲，捞出；另起锅，注入水烧开，加盐、食用油、西蓝花，煮至变色，捞出。

4. 热油锅，放姜、葱爆香，加海鲜酱、鲍鱼肉、水、料酒、蒸鱼豉油炒匀，加基围虾、蚝油、盐拌匀至熟透，倒水淀粉至汁收浓，盛出，用西蓝花围边即可。

幸"孕"小语

这道菜能让虚寒体质的妈妈得到调养，妈妈可补充蛋白质和糖类，宝宝可补充膳食纤维。

滑蛋虾仁

材料： 虾仁100克，鸡蛋2个，葱花10克，蒜片10克，生姜末10克

调料： 料酒、芝麻油、食用油各5毫升，盐1克，生粉15克，水淀粉15毫升

做法：

1. 虾仁洗净、汆烫后捞出，放入碗中，加盐和料酒、1个蛋白及生粉，抓腌10分钟。

2. 鸡蛋打散成蛋液，加入盐、水淀粉和葱花拌匀，接着放入腌好的虾仁，再拌匀，静置一会。

3. 起油锅，放入蒜片、生姜末爆香，再倒入蛋液，轻推锅铲，至蛋液凝固变熟。

4. 起锅前，淋上芝麻油即可。

幸"孕"小语　虾肉有补肾、通乳抗毒、养血、化瘀解毒、益气滋阳、通络止痛、开胃化痰等功效。

蛤蜊豆腐汤

材料： 蛤蜊150克，豆腐100克，腊肉片20克，葱段10克，生姜3片

调料： 米酒15毫升，食用油5毫升，盐2克，白胡椒5克

做法：

1. 蛤蜊用冷水淘洗几次，放入盐水中静置2小时，吐沙备用；豆腐切块。

2. 热油锅，放入葱段和生姜片爆香，再放入腊肉片炒香，最后下豆腐块、米酒和500毫升热水，以大火煮开。

3. 再放入蛤蜊，盖上锅盖，大火续煮2分钟。

4. 最后再放入盐和白胡椒调匀即可。

蛤蜊肉含碘、钙、磷、铁等矿物质和维生素，而蛤壳中则含碳酸钙、磷酸钙、硅酸镁、碘、溴盐等营养素。

海参虫草煲鸡

材料：水发海参50克，虫草花40克，鸡肉块60克，高汤适量，蜜枣、干贝、黄芪、党参、桂圆、姜片各少许

做法：

1. 锅中注入清水烧开，倒入鸡肉块，搅拌搅散，汆去血水，捞出，沥干水分。

2. 把鸡肉块过一次冷水，清洗干净，备用。

3. 砂锅中倒入高汤烧开，放入海参、虫草花、鸡肉、蜜枣、干贝、姜片、黄芪、党参、桂圆，拌匀，煮3小时至食材入味。

4. 将煮好的汤料盛出，装入碗中即可。

这道菜对妈妈的身体有很好的滋补作用，妈妈和宝宝都可以补充蛋白质和维生素A。

黑芝麻花生粥

材料：

黑芝麻20克，花生20克，白米150克

调料：

冰糖10克

做法：

1. 白米洗净后备用。
2. 取研钵，将黑芝麻倒入捣碎，使米粥在熬煮过程中更容易入味。
3. 在研钵中倒入花生一同捣碎。
4. 起一锅水，加入白米熬煮，待米粒煮开后加入冰糖搅拌均匀。
5. 将黑芝麻及花生碎放入一起熬煮，待米粥呈现稠状即可起锅食用。

幸"孕"小语　芝麻的脂肪虽多，但脂肪酸的比例优良，因此反而有利血脂的调控。

南瓜小米粥

材料： 南瓜肉110克，水发小米80克

调料： 白糖10克

做法：

1. 将洗净的南瓜肉切片，再切小块。

2. 砂锅中注入清水烧开，倒入洗净的小米，煮约30分钟，至米粒变软。

3. 倒入南瓜，拌匀，续煮约15分钟，至食材熟透。

4. 盛出煮好的南瓜粥，装在小碗中，食用时加入白糖拌匀即可。

幸"孕"小语　饮用这款粥，妈妈可以补充糖类和蛋白质，宝宝可以补充维生素A。

补血养生粥

材料： 眉豆、红米、赤小豆各40克，绿豆30克，薏米、黑米各100克，玉米、花生米各约50克，糙米45克，水发小米35克

调料： 红糖、蜂蜜各适量

做法：

1. 砂锅中注入适量清水，倒入眉豆、绿豆、赤小豆、薏米、红米、糙米、黑米、小米、花生米、玉米，拌匀。

2. 加盖，大火煮开转小火煮30分钟至食材熟透。

3. 揭盖，加入红糖、蜂蜜。

4. 搅拌片刻使其入味，将煮好的粥盛出，装入碗中即可。

幸"孕"小语　多种粗粮及坚果可帮助产妇恢复健康和体力。

丝瓜排骨粥

材料： 猪骨、大米各200克，丝瓜100克，虾仁15克，水发香菇5克，姜片少许

调料： 料酒、盐、胡椒粉各适量

做法：

1. 洗净去皮的丝瓜切成滚刀块；洗好的香菇切成丁。

2. 锅中注入清水烧开，倒入猪骨、料酒，拌匀，汆去血水，将焯好的排骨捞出，沥干水分。

3. 砂锅中注入清水烧热，倒入猪骨、姜片、大米、香菇，搅匀，煮45分钟。

4. 倒入虾仁，搅匀，续煮15分钟，加入丝瓜、盐、胡椒粉，拌至食材入味，将煮好的粥盛出，装入碗中即可。

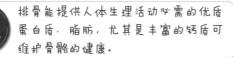

排骨能提供人体生理活动必需的优质蛋白质、脂肪，尤其是丰富的钙质可维护骨骼的健康。

鲜虾粥

材料： 基围虾200克，水发大米300克，姜丝少许，葱花少许

调料： 料酒4毫升，盐2克，胡椒粉2克，食用油少许

做法：

1. 处理好的虾切去虾须，切开背部去除虾线。

2. 砂锅中注入清水大火烧热，倒入大米，搅拌片刻，煮20分钟至熟软。

3. 加入食用油、虾、姜丝、盐、料酒、胡椒粉，搅匀调味，续煮一会使其入味。

4. 持续搅拌片刻，将煮好的粥盛出装入碗中，撒上葱花即可。

幸"孕"小语 这款粥能促进妈妈身体顺利恢复，并为宝宝提供优质母乳。

南瓜西红柿面疙瘩

材料： 南瓜75克，西红柿80克，面粉120克

调料： 茴香叶末少许，盐2克，食用油适量

做法：

1. 洗净的西红柿切小瓣；洗净去皮的南瓜切成片。

2. 把面粉装入碗中，加入1克盐、清水、食用油，拌至其成稀糊状。

3. 热水锅，加入1克盐、食用油、南瓜，拌匀，煮约1分30秒至其断生。

4. 倒入西红柿，拌匀，煮约5分钟，加入面糊，拌煮至粥浓稠，盛出煮好的面疙瘩，点缀上茴香叶末即可。

这道菜有助于妈妈乳汁的分泌，妈妈可以补充糖类和维生素A，宝宝可以补充糖类。

猪肉香菇打卤面

材料： 豆腐干15克，猪肉100克，面条200克，香菇、葱花、姜末、蒜末各10克

调料： 豆瓣酱15克，盐2克，白糖2克，酱油15毫升，生粉5克，食用油适量

做法：

1. 将豆腐干和香菇分别切碎；起滚水锅，将面条氽烫备用。

2. 取一碗，加入生粉、白糖、酱油拌匀，调成芡汁。

3. 热油锅，依序放入豆瓣酱、葱花、姜末、蒜末爆香，再加入猪肉、香菇、豆腐干，一起炒出香味。

4. 锅内接着放入适量清水，待煮沸后加入调好的芡汁和盐，调成卤汁，再将其淋在面条上即可。

幸"孕"小语 面汤含有丰富的动物和植物蛋白质，有较好的健脑作用。

鱼丸挂面

材料： 挂面70克，生菜20克，鱼丸55克，鸡蛋1个，葱花少许

调料： 盐、胡椒粉各2克，食用油适量

做法：

1. 洗净的生菜切碎。

2. 鸡蛋打入碗中，打散调匀，制成蛋液。

3. 热锅注油，倒入蛋液，拌匀，炸约1分钟，至其呈金黄色，捞出炸好的鸡蛋。

4. 锅底留油烧热，倒入清水烧开，放入挂面，拌匀，煮约3分钟，加入鱼丸、盐拌匀，煮约1分钟，加入胡椒粉、生菜、鸡蛋，拌匀，煮至食材熟透，起锅装碗，撒上葱花即可。

幸"孕"小语 这款挂面可以刺激妈妈肠道的蠕动，妈妈可以补充蛋白质和脂肪，宝宝可以补充脂肪。

火腿奶酪三明治

材料： 白吐司4片，生菜叶4片，西红柿50克，奶酪2片，火腿2片

做法：

1. 生菜叶洗净；西红柿洗净后去蒂切片；火腿切片。
2. 在白吐司的中央依次铺上火腿片、奶酪、西红柿片、生菜叶，最后再盖上一层吐司，斜角切开即可。

南瓜豆沙卷

材料： 南瓜200克，面粉70克，红豆沙90克，鸡蛋1个

调料： 白糖5克，食用油5毫升

做法：

1. 南瓜去皮和籽，洗净、切片，盖上保鲜膜蒸熟后捣成泥。
2. 在南瓜泥中加入蛋液、清水、白糖，再陆续放入面粉，搅拌至面粉无颗粒，制成面糊。
3. 起油锅，将面糊倒入锅中，煎成饼。
4. 再将豆沙放于饼上，卷成卷即可。

玫瑰山药

材料： 去皮山药150克，奶粉20克，玫瑰花5克

调料： 白糖20克

做法：

1. 取出已烧开上汽的电蒸锅，放入山药。

2. 加盖，调好时间旋钮，蒸20分钟至熟。

3. 揭盖，取出，将蒸好的山药装进保鲜袋，加入白糖、奶粉，将山药压成泥状，装盘。

4. 取出模具，逐一填满山药泥，用勺子稍稍按压紧实，待山药泥稍定型后取出，反扣放入盘中，撒上掰碎的玫瑰花瓣即可。

这道菜能够改善产后抑郁的状况，妈妈可以补充糖类和蛋白质，宝宝可以补充膳食纤维。

♥ 产后体虚

症状表现

由于分娩过程中的能量消耗、创伤和出血，导致其元气耗损、气血不足，称为产后体虚，易产生怕冷、怕风、出虚汗，腰膝酸软，小腹冷痛，心悸气短，四肢乏力，月经量少、色黑，白带多，经期水肿，面色晦暗、长斑，卵巢功能减退、产后性冷淡等症状。

缓解方法

充分休息	少量多餐	补充水分
产后身体虚弱的新妈妈，要特别注意休息，避免劳累。	孕妇生产后，身体十分虚弱，食欲也不佳。因此，建议采取餐次增加、分量减少的方式，以减轻肠胃负担，同时也有利于营养的吸收。	产妇在分娩时流失大量水分和血液，因此水分的补充十分重要。产妇可多喝汤，不仅促进母体的康复，还能增加乳汁的分泌量。

宜吃食物

鸡蛋　　　　　　　　草菇　　　　　　　　乌鸡

当归　　　　　　　　黄芪　　　　　　　　牛肉

西洋参黄芪养生汤

材料： 西洋参、黄芪、茯苓、枸杞、若羌大枣、小香菇各适量，乌鸡200克

调料： 盐2克

做法：

1. 将茯苓、黄芪装入隔渣袋，备用。

2. 热水锅，倒入乌鸡块，去除血水。

3. 将需泡发的食材泡发好，装入碟子。

4. 另起水锅，倒入乌鸡块、大枣、隔渣袋、西洋参、小香菇，煮100分钟，放入枸杞，续煮20分钟，加入盐，搅匀，将煮好的汤盛出装入碗中即可。

草菇炒牛肉

材料： 草菇300克，牛肉200克，洋葱40克，红彩椒30克，姜片少许

调料： 盐、胡椒粉、蚝油、生抽、料酒、水淀粉、食用油各适量

做法：

1. 洋葱切块；红彩椒去籽，切块；草菇切十字花刀，对半切开；牛肉切片。

2. 牛肉装碗，加入食用油、盐、料酒、胡椒粉、水淀粉，拌匀，腌10分钟。

3. 热油锅，爆香材料，放生抽、蚝油炒熟，用水淀粉勾芡，盛出即可。

♥ 产后腹痛

症状表现

    女性下腹部的盆腔内器官出现异常时，容易引起产后腹痛，以小腹部疼痛最为常见。血虚型产后腹痛症状包括：产后小腹隐痛或绵绵作痛；恶露量少，色淡，质稀；头晕眼花、心悸怔忡、大便干结、胃纳欠佳。血瘀型产后腹痛症状包括：产后小腹刺痛或胀痛拒按，阵发性发作；恶露量多少不一，色黯有块，块下痛减；面色青白，胸胁胀痛，四肢不温；舌黯苔白，脉弦涩。

缓解方法

按摩下腹部	热敷、就医	饮食调理
先从心下按摩至脐部，在脐周做圆形揉按数遍，再向下至耻骨联合上方，再做圆形揉按数遍，然后将热手置于痛处片刻，重复上述动作。	用热毛巾热敷痛处，或热敷脐下5厘米处的中极穴；或请医生给开一些止痛化瘀的药物以缓解疼痛。	小腹胀痛，可多食金橘饼、韭菜、生姜红糖汤、醪糟蛋、益母草煮醪糟、当归生姜羊肉汤、羊肉桂心汤，忌食生冷瓜果、饮料等。

宜吃食物

山楂　　　　　　　猪肝　　　　　　　羊肉

瓜子　　　　　　　红小豆　　　　　　生姜

葱爆羊肉片

材料： 羊肉600克，大葱50克，红椒15克

调料： 盐2克，料酒5毫升，食用油适量

做法：

1. 处理好的大葱切段；洗净的红椒去籽，切块；处理好的羊肉切成薄片。

2. 热锅注油烧热，倒入羊肉，翻炒至转变颜色。

3. 倒入大葱、红椒，快速翻炒匀。

4. 淋入料酒，翻炒提鲜，加入盐，翻炒调味，将炒好的羊肉盛出装盘即可。

红糖小米粥

材料： 小米400克，大枣8克，花生10克，瓜子仁15克

调料： 红糖15克

做法：

1. 砂锅中注入适量清水，大火烧开。

2. 倒入备好的小米、花生、瓜子仁，拌匀，煮20分钟。

3. 倒入大枣，搅匀，续煮5分钟。

4. 加入红糖，持续搅拌片刻，将煮好的粥盛出装入碗中即可。

♥ 产后便秘

症状表现

　　产妇产后饮食如常，但大便数日排不出或排便时干燥疼痛、难以解出者，称为产后便秘，或称产后大便难，是最常见的产后病之一。如果产后出现便秘，则需要在生活和饮食上加以调理，以帮助患者顺利排便。

缓解方法

找准原因，对症下"药"	使用开塞露	加强产后锻炼
若是胃肠动力不足的原因，可通过增加膳食纤维的摄入，如粗粮、茎类蔬菜等；若是摄入不足的原因，也就是形成大便的原料不足，要增加主食的摄入。	如果大便已秘结，无法排出体外时，产妇可使用开塞露，待大便软化后就可以排出。	加强产后锻炼，加快新陈代谢，缓解便秘，养成定时排便的好习惯。

宜吃食物

红薯　　　　　　芹菜　　　　　　雪梨

蜂蜜　　　　　　香蕉　　　　　　苹果

蒸芹菜叶

材料： 芹菜叶45克，面粉10克，姜末、蒜末各少许

调料： 白糖2克，生抽4毫升，陈醋8毫升，芝麻油适量

做法：

1. 取碗，加入蒜末、姜末、生抽、芝麻油、陈醋、白糖，拌至糖分溶化；另取一个味碟，倒入调好的材料，即成味汁。

2. 将洗净的芹菜叶装入蒸盘中，撒上面粉，拌匀。

3. 蒸锅上火烧开，放入蒸盘。

4. 盖上锅盖，用中火蒸约5分钟，至菜叶变软，取出，待芹菜稍冷后切成小段；再取一个盘子，放入芹菜叶，食用时佐以味汁即可。

幸"孕"小语 食用这道菜，妈妈可以补充膳食纤维，促进肠道的蠕动，缓解便秘。

❤ 产后恶露不绝

症状表现

产后恶露不绝、恶露不净就是产后3周以上，仍有阴道出血。正常情况下，产后3周左右恶露即净，若超过3周恶露仍不净，则为病理现象。量或多或少，色或淡红或深红或紫暗，或有血块，或有臭味或无臭味；产妇常伴有腰酸痛、下腹坠胀疼痛，有时有发热、头痛、关节酸痛等症状，妇科检查可发现子宫复旧不良。

缓解方法

注意阴道卫生	保持心情愉快	适当运动
分娩后卧床休息，注意阴道卫生，每天用温开水清洗外阴部；选用柔软消毒卫生纸，经常换月经垫和内裤，减少邪毒侵入机会。	需要静养，保持心情舒畅，避免情绪激动；保持室内空气流通，祛除秽浊之气，但要注意保暖，避免受寒。	恶露减少、身体趋向恢复时，可适当起床活动，有助于气血运行和胞宫余浊的排出。注意：产后未满50天绝对禁止房事。

宜吃食物

黄瓜　　　　　　莴笋　　　　　　菠菜

猪肉　　　　　　西瓜　　　　　　鸡蛋

蔬菜什锦沙拉

材料： 水发粉丝230克，菠菜100克，黄瓜200克，火腿肠1根，鸡蛋1个

调料： 盐、生抽、芝麻油各适量

做法：

1. 火腿肠、黄瓜切条；菠菜去根切段。

2. 热水锅，放入盐、菠菜、粉丝，煮至熟软；鸡蛋打入碗中，搅成蛋液。

3. 锅里放蛋液，煎成蛋皮，盛出切丝。

4. 取盘，放蛋皮丝、黄瓜、火腿肠、菠菜、粉丝；另取碗，放生抽、盐、芝麻油，制成味汁，浇在食材上即可。

莴笋炒瘦肉

材料： 莴笋200克，瘦肉120克，葱段、蒜末各少许

调料： 盐、白胡椒粉、料酒、生抽、水淀粉、芝麻油、食用油各适量

做法：

1. 将去皮的莴笋切细丝；瘦肉切丝。

2. 肉丝装碗，加盐、料酒、生抽、白胡椒粉、水淀粉、食用油，拌匀腌渍。

3. 用油起锅，倒入肉丝，炒至转色，放入葱段、蒜末、莴笋丝，炒匀炒透。

4. 水淀粉勾芡，淋芝麻油，盛出即可。

♥ 产后贫血

症状表现

　　新妈妈分娩过程失血过多，很容易造成新妈妈贫血，贫血严重会影响到新妈妈的身体恢复和宝宝的营养健康。产后贫血会使人全身乏力、食欲不振、抵抗力下降，严重时还可以引起胸闷、心慌等症状，并可能产生许多并发症。

缓解方法

多吃补血食物	注意休息	药物补充
对于贫血的新妈妈，如果是轻度贫血的话，建议每周摄入两到三次的富含铁又容易吸收的食物，如肝脏、动物血制品等。	在日常生活中，新妈妈应多休息，不宜太操劳，当感觉有眩晕现象时应立即躺下来休息，以免跌倒。	为了促进铁的吸收，可适当服用铁剂。但注意在服用铁剂的1小时内，新妈妈不可饮茶、咖啡，以免妨碍铁的吸收。

宜吃食物

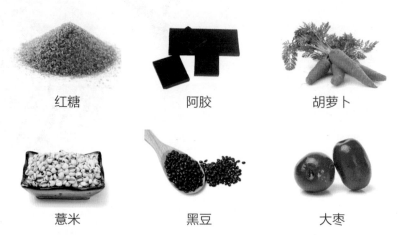

红糖　　　　　　　　阿胶　　　　　　　　胡萝卜

薏米　　　　　　　　黑豆　　　　　　　　大枣

桂圆阿胶大枣粥

材料： 水发大米180克，桂圆肉30克，大枣35克，阿胶15克

调料： 白糖30克，白酒少许

做法：

1. 砂锅中注入清水烧开，倒入大米、大枣、桂圆，拌匀。
2. 盖上盖，用小火煮30分钟至其熟软。
3. 加入阿胶，倒入白酒，拌匀，续煮10分钟。
4. 加入白糖，拌匀，煮至溶化，盛出煮好的粥，装入碗中即可。

黑豆紫米露

材料： 泡发黑豆、薏米、糯米各40克，水发紫米50克，核桃仁、白芝麻各10克

调料： 白糖15克

做法：

1. 将备好的食材倒入豆浆机，加白糖。
2. 注入适量清水，至水位线。
3. 盖上豆浆机机头，选择"快速豆浆"程序，再按"开始"键，开始打浆。
4. 待豆浆机运转约15分钟，即成豆浆，将豆浆机断电，取下机头，把煮好的黑豆紫米露倒入杯中即可。

♥ 产后脱发

症状表现

女性怀孕时体内雌激素增多，有利于头发生长，这些头发寿命长，在"超期服役"。产后体内雌激素含量减少，恢复到怀孕前的正常平衡状态，导致"超期服役"的头发掉落，形成大量脱发。产后脱发是一种正常的生理现象，在产后6~9个月会自行恢复，不需要特殊治疗。如果脱发过于严重，可在医生的指导下服用维生素B_1、谷维素等。

缓解方法

放松心情	做好头发护理	饮食要均衡
有产后脱发不要着急、焦虑，要知道这是一种正常现象，会慢慢停止，而且头发也很容易再长出。	选用性质温和、适合自己的洗发用品，定期清洗头发；每天梳头发、按摩头皮，促进血液循环，也可以让头发得到改善。	饮食要均衡，可以选用补血的食材和药材，如黑芝麻、黑豆、海产品、大枣等，以促进头发的恢复和生长。

宜吃食物

黑芝麻　　　　　　青豆　　　　　　　豆腐

糯米　　　　　　　枸杞　　　　　　　洋葱

益肾乌发杂粮豆浆

材料： 小米100克，黑芝麻50克，核桃10克，枸杞10克

调料： 冰糖20克

做法：

1. 将小米、枸杞、清水放入豆浆机。
2. 盖上豆浆机机头，选择"五谷"程序，再按"开始"键，待材料磨好。
3. 打开盖，加入黑芝麻、核桃和冰糖。
4. 盖上机头，选择"五谷"程序，开始打浆，待豆浆机运转约20分钟，取下机头，将豆浆倒入碗中即可。

浓香黑芝麻糊

材料： 糯米100克，黑芝麻100克
调料： 白糖20克

做法：

1. 将黑芝麻倒入锅中，翻炒后装盘。
2. 将黑芝麻倒入搅拌机的干磨杯中，磨成黑芝麻粉末，装盘。
3. 将糯米倒入干净的干磨杯中，磨成糯米粉末，装盘。
4. 砂锅中注入清水烧开，加入糯米粉、黑芝麻粉、白糖，拌至溶化，盛出煮好的芝麻糊，装碗即可。

♥ 产后抑郁

症状表现

　　产后抑郁症是指女性生产之后，由于性激素、社会角色及心理变化所带来的身体、情绪、心理等一系列变化。典型的产后抑郁症是产后6周内发生，可持续整个产褥期，有的甚至持续至幼儿上学前。产后抑郁的主要症状有：变得悲观甚至绝望，什么事情都不觉得愉快，容易激动、恐惧，记忆力下降，失眠。

缓解方法

充分休息	宣泄情绪	注意饮食
保持充足的睡眠，保证让大脑有充足的休息；适当放松，如深呼吸、散步、打坐、冥想平静的画面、听舒缓优美的音乐等。	如果感到情绪低落，可以找好友或亲人交流，尽诉心曲，大哭一场也无妨，尽情宣泄郁闷情绪。	饮食上要摄入全面的营养，可以多吃核桃、花生等健脑益智的食物；多吃一些可舒缓情绪的水果蔬菜，如柠檬的香气可使人更加放松。

宜吃食物

山药	花生	南瓜
苦瓜	核桃	玉米

苦瓜玉米粒

材料： 玉米粒150克，苦瓜80克，彩椒35克，青椒10克，姜末少许

调料： 泰式甜辣酱适量，盐少许，食用油适量

做法：

1. 将洗净的苦瓜去除瓜瓤，再斜刀切菱形块；洗好的青椒、彩椒切丁。

2. 锅中注入清水烧开，倒入玉米粒，搅匀，焯一会儿，放入苦瓜块、彩椒丁、青椒丁，煮至食材断生后捞出。

3. 用油起锅，撒上姜末，爆香，倒入焯过水的食材，炒匀炒透。

4. 加入盐、甜辣酱，炒至食材熟软，盛出炒好的菜肴，装在盘中即可。

幸"孕"小语

这道菜可以起到放松心情的作用，妈妈可以补充糖类和膳食纤维，宝宝可以补充矿物质。

♥ 产后计划一览表

时间	产后计划	备注
第1周	随时观察恶露情况，按需给宝宝哺乳，注意防寒保暖，可适当进行乳房按摩，促进乳汁的分泌，预防产后抑郁。	剖宫产的产妇要应注意伤口的护理，避免感染。
第2周	充分摄取营养丰富的食物，促进身体的恢复和乳汁分泌；在不导致疲劳的前提下，可以做一些简单的舒缓运动。	尽量避免外出。
第3周	营养均衡，增加铁的补充；进行会阴部的练习；密切关注身体的变化，一旦发现有异常情况，应及时就医。	禁止性生活。
第4周	避免提重物，也不要伸手拿高处物品，不要长时间蹲着；如果恶露结束，可以不用再进行会阴部的消毒，但还是要注意外阴部的卫生；妈妈需要接受产后第1个月的检查。	从这周开始可以进行温水淋浴。
第5周	可做一点力所能及的家务，但不能过于劳累；出现疼痛、出血、发热等症状时，应到医院检查。	身体恢复到正常，可以使用盆浴。
第6周	可以带着宝宝晒太阳，到附近公园散步、呼吸新鲜空气；准备重返工作岗位，要解决好宝宝哺乳的问题。	调适好情绪，平和应对工作与照顾宝宝的矛盾。
第7周	获得医生许可后，可以开始性生活，不过要采取避孕措施。	

♥ 两种分娩方式如何正确哺乳

自然分娩

哺乳时，母子都应该采取较舒适的姿势。婴儿在3个月前母亲采取一边躺着一边哺乳的姿势是不安全的。因为在哺乳中，母亲一旦迷迷糊糊睡着了，乳房就有可能堵住婴儿的鼻子和嘴，使婴儿窒息。只有婴儿长到4个月后有了抵抗力，做出抵抗动作，才能使母亲惊醒，采用这种哺乳的姿势才安全。

妈妈哺乳的姿势以盘腿坐和坐在椅子上为好。哺乳时，将婴儿抱起略倾向自己，使婴儿整个身体贴近自己，用上臂托住婴儿头部，将乳头轻轻送入婴儿口中，使婴儿用口含住整个乳头并用唇部贴住乳晕的大部或全部。妈妈要注意用食指和中指将乳头的上下两侧轻轻下压，以免乳房堵住婴儿鼻孔影响呼吸，或因奶流过急呛着婴儿。奶量大，婴儿来不及吞咽时，可让其松开奶头，喘喘气再吃。

正确的哺乳姿势能促进哺乳、保证乳汁的分泌量及预防奶胀和乳头痛。如果姿势不正确，婴儿只吸住乳头，不仅不易吸出奶汁，而且还会吮破乳头或使乳头破裂，而且婴儿每次吮吸的奶水不多，还会导致乳房滞乳而继发奶水不足。

剖腹产

剖腹产手术后，如果母亲和婴儿都很健康的话，仍可以进行母乳喂养。但母亲有心脏损害或有其他生命危险的情况下，就不能进行母乳喂养。剖腹产婴儿常常因麻醉剂作用而显得无生气，不过除非药物过量，一般婴儿不会受到影响。但是，如果在婴儿出生48小时后，母亲仍需止痛药，就应该在哺乳后服用，这样才能使母乳中的药物含量减少。

♥ 根据体质选择催乳食物

母乳是宝宝最好的食物，可保障婴儿健康成长，促进婴儿智力开发，增强婴儿对疾病的抵抗力等，其营养成分对婴儿的生长发育最适宜，是任何食物都无法替代的。可是，有些产妇在产后出现乳汁很少甚至没有的情况，那么，这时合理选择一些催乳食物或易发奶的汤水，如鸡汤、猪蹄汤、鲫鱼汤等进行调理是很有必要的。

不过，值得注意的是，从中医的角度来说，产后催乳应根据不同体质进行饮食和药物调理，否则会适得其反。

常见体质产后催乳饮食方案

体质	饮食调理方法
气血两虚型	平素体虚或因产后大出血而奶水不足的产妇可食用猪脚汤、鲫鱼汤等，另可添加党参、北芪、当归、红枣等补气补血药材。
痰湿中阻型	肥胖、脾胃失调的产妇宜多喝些鲫鱼汤，少喝猪蹄汤和鸡汤，还可添加陈皮、苍术、白术等具有健脾化湿功效的药材。
肝气郁滞型	出现产后抑郁倾向的产妇建议多喝些玫瑰、茉莉等花草茶，以舒缓情绪。另外，用通草、丝瓜络、猪蹄、漏芦煮汤，也可达到疏肝、理气、通络的功效。
血瘀型	可喝生化汤，吃点猪脚姜、黄酒煮鸡、客家酿酒鸡等；还可用益母草煮鸡蛋或煮红枣水。
肾虚型	可进食麻油鸡、花胶炖鸡汤、米汤冲芝麻等。
湿热型	可喝豆腐丝瓜汤等具有清热功效的汤水。